# 戦略的プロセス安全マネジメント論

リスクベースアプローチによる実装フレームワーク

田邊雅幸・三宅淳巳

丸善出版

# まえがき

　本書は，化学プラントに代表される複数の工学技術を複合して成立するシステムに対する安全マネジメント技術，そのなかでも海外で主流となっているリスクベースアプローチを用いたプロセス安全マネジメント技術を，体系的にかつできる限りわかりやすく解説したものである．化学プラントのような危険な物質を取り扱う設備，もしくは人が操作する際に危険性が高いステップが含まれる設備においては，目が行きがちな転落や転倒などに代表される労働災害よりも，危険な物質が大気中に漏洩することによる火災，爆発や毒性物質の被曝など，周辺設備や人体に大きな影響を及ぼすプロセス災害を引き起こす危険性がある．そのため，対象設備の工学的特性を押さえたうえでどこにリスクがあるか把握し，そのリスクが顕在化しないように日々の操業管理業務の中で適切に安全管理を行うことが重要であり，これをプロセス安全マネジメントと呼んでいる．

　プロセス災害の危険性やリスクを把握するためには工学的な技術論が必要であるが，一方，操業管理業務で組織メンバーが適切に動くためには経営や業務マネジメントの要素も必要であり，これらが組織のプロセス安全能力に大きく影響を与える．このためプロセス安全を達成するためには，リスクベースアプローチを主体とするプロセス安全技術と組織マネジメント論/スキルの双方を理解しなければならない．一般的な組織においては技術職と管理職のように専門性が分化されていく状況にあるが，プロセス安全を習得し実行していくためにはその双方の知見をあわせもつ必要がある．この点がプロセス安全の難しさの一つともいえる．

　そのような課題感から筆者らは 2020 年に横浜国立大学を母体とし，産官学メンバーで構成されるストラトジック PSM 研究会を発足し，リスクベースアプローチを用いるプロセス安全マネジメントを組織に導入し効果をあげるためのフレームワークに関する研究を開始した．本書は，ストラトジック PSM 研究会での研究成果に加え，海外の最新技術・アプローチ，また実務観点からのマネジメント技術を加えた総合的な構成とし，各組織に適したプロセス安全マネジメントを導入する際に戦略的に活用し得るフレームワークと各技術・マネジメント要素

の要点を示したものとなっている.

これまでもプロセス安全に必要な技術やマネジメントシステムに関する良書は多く発刊されているが,これらはプロセス安全の一技術分野や,マネジメントシステムの細部を解説する専門的なものが多かった.これに対し本書はプロセス安全マネジメントの全体感を読者に把握していただくことを主眼においている点が,これまでのプロセス安全マネジメント関連図書との大きな違いである.本書をご一読いただければ,リスクベースアプローチを用いたプロセス安全マネジメントを導入する際に,自組織の現行マネジメントシステムと求める方向性とのギャップの把握が可能となり,改善する方向性や方策の立案にも参考となるものと考えている.本書が皆さんの組織におけるプロセス安全マネジメント導入の一つの指針となれば幸いである.

2024 年 8 月

著者を代表して

田 邊 雅 幸

# 目　次

**1　序　論** ································································································ 1

**2　複合システムへの安全技術** ···························································· 7

2.1　プロセス安全 ················································································ 7

　　2.1.1　多重防護コンセプト ····························································· 8

　　2.1.2　ALARP コンセプト ······························································ 9

　　2.1.3　リスク削減コンセプト ························································· 10

2.2　リスクマネジメントプロセス ·························································· 12

2.3　設備安全と操業安全管理 ································································ 13

2.4　本質安全と機能安全 ······································································ 14

2.5　敷地配置計画・設備レイアウト ······················································ 15

2.6　リスクベース安全設計 ··································································· 16

2.7　安全設計 ····················································································· 16

　　2.7.1　事故発生頻度を低減する設備設計 ·········································· 18

　　2.7.2　事故影響度を低減する設備設計 ············································· 20

2.8　HIRA ························································································· 25

　　2.8.1　HAZID ············································································· 27

　　2.8.2　HAZOP ············································································ 29

　　2.8.3　バッチプロセス HAZOP ······················································ 33

　　2.8.4　SIL ·················································································· 33

　　2.8.5　事故影響評価 ····································································· 39

　　2.8.6　信頼性評価技術 ·································································· 44

　　2.8.7　定量的リスク評価 ······························································ 50

　　2.8.8　火災爆発リスク評価 ···························································· 52

　　2.8.9　緊急設備脆弱性評価 ···························································· 52

　　2.8.10　避難・退避・レスキュー評価 ·············································· 54

iv 目 次

| | | |
|---|---|---|
| 2.8.11 | 火災輻射熱による圧力容器の構造影響解析 | 54 |
| 2.8.12 | フレアシステム容量超過解析 | 56 |
| 2.8.13 | ハザード/リスク管理台帳 | 57 |
| 2.8.14 | 機能要求管理台帳 | 61 |
| 2.8.15 | フォーマルセーフティアセスメント | 63 |
| 2.8.16 | ALARP の証明 | 63 |
| 2.8.17 | ヒューマンファクター（HF） | 70 |

## 3 設備種別からみた安全技術　　81

| | | |
|---|---|---|
| 3.1 | 安全分野 | 81 |
| 3.2 | 一般産業安全 | 82 |
| 3.3 | 一般産業における本質安全 | 83 |
| 3.4 | 危険源の同定 | 84 |
| 3.5 | 機械安全 | 84 |
| 3.6 | 機械機能安全 | 86 |
| 3.7 | 一般火災安全 | 89 |
| 3.8 | 労働安全 | 91 |
| 3.9 | 設備信頼性 | 98 |
| 3.10 | システム安全 | 101 |

## 4 安全管理　　103

| | | |
|---|---|---|
| 4.1 | 安全運転と保守管理 | 103 |
| 4.2 | 操業安全管理の注意点 | 105 |
| | 4.2.1 運転管理 | 105 |
| | 4.2.2 保全管理 | 105 |
| | 4.2.3 保安管理 | 105 |
| | 4.2.4 組織と個人の態度 | 106 |
| 4.3 | マネジメントシステムの歴史 | 106 |
| 4.4 | 安全マネジメントシステム | 107 |
| 4.5 | PSM | 108 |
| 4.6 | RBPS | 109 |
| 4.7 | ライフサイクルマネジメント | 124 |

目　次　　v

| | | |
|---|---|---|
| 4.8 | 6 ピラー | 126 |
| 4.9 | セーフティケース | 127 |
| | 4.9.1　石油・ガス分野 | 127 |
| | 4.9.2　危険な操業活動が内在するその他の業界 | 130 |

## 5　リスクベースマネジメントシステムの実践　133

| | | |
|---|---|---|
| 5.1 | プロセス型マネジメントシステムの導入 | 134 |
| 5.2 | ゴール達成に必要な要素の定義 | 138 |
| 5.3 | ストラトジーの設定と共有 | 140 |
| 5.4 | 組織の構築 | 142 |
| 5.5 | マネジメントシステムの構築 | 146 |
| 5.6 | マネジメントシステムベースラインの構築 | 149 |
| | 5.6.1　ポリシー | 149 |
| | 5.6.2　プラン | 154 |
| | 5.6.3　手順書 | 155 |
| 5.7 | リスクマネジメントの実行 | 158 |
| | 5.7.1　リスクプロファイルの把握 | 158 |
| | 5.7.2　ハザード管理台帳による操業管理 | 160 |
| | 5.7.3　ワークブレークダウンストラクチャー（WBS） | 162 |
| | 5.7.4　機能要求の管理 | 165 |
| | 5.7.5　同時作業の管理 | 168 |
| | 5.7.6　意思決定 | 168 |
| | 5.7.7　妥当性の証明 | 172 |
| 5.8 | 変更管理 | 175 |
| 5.9 | KPI の設定 | 176 |
| 5.10 | 事故調査 | 177 |
| 5.11 | マネジメントシステムの統合 | 180 |

## 6　安全文化　185

| | | |
|---|---|---|
| 6.1 | 安全文化 | 185 |
| 6.2 | HOF | 190 |

vi　　目　次

## 7　人的マネジメントスキル　201

7.1　リーダーシップ　201

7.2　ファシリテーションスキル　203

7.3　コンピテンシーマネジメント　205

## 8　環境と社会への影響　209

8.1　環境影響評価　210

8.2　大気拡散評価モデル　213

8.3　環境への事故影響防止　217

8.4　社会への影響　221

8.5　持続的発展への貢献　222

**引用文献**　225

**付録 1：エンジニアリングスケジュール例**（CAE 分解によるプラント安全証明体系）
　228

**付録 2：略語・用語集**　234

**索　引**　237

# 1

# 序　論

　原料から製品をつくる過程をプロセスと呼び，この製品製造プロセスを商業規模で実装したものを化学プラントと呼ぶ．製品製造プロセスは，連続的に製品製造を行う連続プロセスと，回分で処理を行うバッチプロセスに大別できる．連続プロセスの場合は流体を輸送する配管系統と何らかの操作を行う容器，蒸留塔，反応塔などの機器から構成される．原料から製品をつくるためにプロセスプラントは化学工学，流体力学，熱力学，機械工学，制御，電気，建築，土木などさまざまな工学分野の技術を組み合わせた複合技術により達成されている．

　もともと原油を精製してガソリンなどを蒸留し抽出する比較的単純な操作が中心であったが，重質油を分解して軽いオイルを抽出する技術や石油化学品を得るための反応器など“プロセス”は複雑化してきた．

　そういった複合技術により構成されるプロセス設備では，扱う物質も可燃性・爆発性・毒性などを有するものが多く，一度設備から漏洩してしまうと事故につながることになる．最近では高温・高圧で運転される設備も増えておりその潜在的危険性（ハザード）が上がっている．

　実際にプロセスプラントにおける大事故は頻繁ではないが繰り返し起こっている．プロセス安全分野へ影響を与えた主要な事故を以下に示す．

**1974 年　フリックスボロ事故**（英国）（死亡者 28 名）　　シクロヘキサン漏洩・爆発：安全管理上の変更管理の重要性に気づかされた事故

**1976 年　セベソ事故**（イタリア）（死亡者なし）　　ダイオキシンの漏洩事故：死亡者こそないものの広範な範囲への環境被害を及ぼした大事故でヨー

ロッパ地域でのリスクベース安全管理の議論の始まりとなった.

**1984 年　メキシコシティ LPG 事故**（メキシコ）（死亡者約 500 名）　今では有名な BLEVE（boiling liquid expanding vapor explosion）が大規模で生じた大事故

**1984 年　ボパール事故**（インド）　メチルイソシアネート漏洩（漏洩関連死亡者 3,000 名以上）: 有毒ガスが大規模に漏洩し多数の死者を出した有名な事故

**1988 年　パイパーアルファ事故**（英国）（死亡者 167 名）　洋上プラットフォームでの事故であるが英国安全法規をリスクベース化するきっかけとなった事故

**2005 年　BP テキサスシティ製油所爆発事故**（米国）（死亡者 11 名）　変更管理・組織文化など多数の要因が絡んだ事故事例

**2005 年　バンスフィールド爆発事故**（英国）（死者なし）　死者こそないものの爆発現象の科学的側面で注目された事故

**2010 年　BP ディープウォーターホライゾン爆発・オイル流出事故**（英国）（死亡者 11 名）　大量の原油流出により大きな環境影響を及ぼした事故

**2011 年　福島第一原子力発電所事故**（死亡者なし）　広範囲に放射性物質汚染による大きな影響を及ぼした事故で，日本でもリスクベース導入の議論が始まる契機となっている.

　これらは社会に大きな影響を及ぼした反面，安全分野を発展させる契機となったのも事実である．これまで歴史的に事故を経験するたびに，事故を反面教師として安全法規や規格類が制定，改定されてくるという繰り返しをたどってきている．

　プロセス安全を達成するためにはプロセス安全エンジニアが必要な技術を習得することだけでなく，プロセスプラント設備を設計するエンジニアや運転・保守管理を行う運転員や保全担当者にプロセス安全に対する意識をもってその業務に当たってもらうように導く組織制度設計の知識と組織の文化を醸成するリーダーシップなど多様な要素が必要となる．組織にこのようなプロセス安全管理制度を導入するためには，組織の制度設計から見直して導入するというアプローチが必要になる．このプロセス安全管理の概念は欧米ではプロセス安全マネジメント（PSM）と呼ばれており，日本語でいう"管理"よりも経営マネジメントのような組織制度という意味合いで使われている.

さらにこの PSM をリスクという尺度をもとに実施する概念を“リスクベースアプローチ”や“リスクに基づくプロセス安全（RBPS）”マネジメントと呼び，前述の事故事例でのセベソ事故やパイパーアルファ事故を契機に海外の化学プラント業界では標準的に使用されるようになってきている．日本でも福島第一原子力発電所の事故を契機にリスクベースアプローチ導入の議論が進んできている．また過去の事故からの教訓という側面だけでなく，社会はデジタル技術の発展とともにさらに複雑さが増してきており，事故を予見し対策する安全規制という観点でもリスクベースアプローチの重要性は増してきている．

今まさに，リスクベースアプローチに対応する技術力をもつプロセス安全エンジニアの育成が必須の時代へと変わってきているといえる．

ところで，“リスクという概念をもとにプロセス安全を考える”とは具体的にはどのようなことであろうか？ “リスク”は経営・経済分野のビジネスリスクや医療での発がん性リスクなど多様な使われ方がされており，さまざまな“リスク”について耳にすることが多いのではないだろうか．化学プラントを例にとると，人命への被害度合いの“リスク”が対象となり，その被害度合いである“リスク”の削減目標を明確に定めてその目標（ゴール）を達成するように安全管理の努力を続けていく，というのがリスクベースアプローチや RBPS の具体的な意味になる．

とくに事故に対する安全規制の話題でたびたび，まだ日本では“リスク”という概念が馴染まないという議論がなされている．しかし前述の通り“リスク”はすでにさまざまな分野で使われており，安全管理の指標にだけ使えないというのも不思議な話である．この理由の一つとして筆者らは，プラント安全における“リスク”の使い方や一般の人々への説明の仕方が成熟していないという側面があるのではないかと考えている．プラント安全では社会の“安全・安心”を得ることが重要である．この“安全”を示すためにはプラント側の安全な状況を示せばよいが，周辺社会に“安心”してもらうためにはどうすればよいのか？ 安全な状況を示すことはプラント側の問題であって，周辺社会に安心してもらうということは受け手側の考えに働きかける必要があり簡単なことではない．しかし，時間がかかったとしても，プラントが安全であるように常に努力していることを丁寧に説明し，受け手側の理解と信頼を得ることでしか“安心”にはつながらない．プラントでの取組みを説明する際に，“法規の遵守”や“十分な安全対策”

という結果論だけ示しても，プラント側が安全のためにやっている行動によりどのようにして安全が達成されているのか，さらにどうして安心してよいのかということの具体的な説明にはならない．そこで"リスク"をコミュニケーションの言語として使うという考え方が役に立つ．プラントがもともともっている"リスク"を網羅的に抽出し，その想定リスクに対してさまざまな対応策（設備による対応や運転員による対策など）で十分に削減している過程を明示的に説明すること，かつその"リスク"の抽出や対策は常に改善をし続けていること，このプロセス全体について透明性をもって真摯に説明し続けていくことで周辺社会の信頼を勝ち取っていくことにより，最終的には"安心"につなげていくことを目指すことが重要となる（図1.1）．このような概念が，海外のリスクベースによるプロセス安全規制を敷く国々では"セーフティケース"と呼ばれる方式として採用されている．筆者らが立ち上げた**ストラトジック PSM 研究会では，このリスクベースアプローチによる PSM を実組織に導入するために戦略的に導入する重要さを加味した"ストラトジック PSM"という概念として提唱している**．

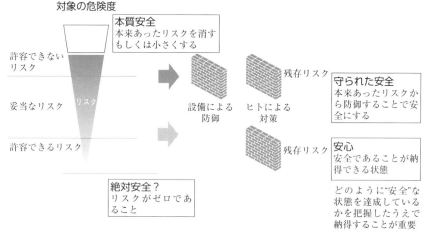

図 1.1　リスクを尺度とした安全・安心の説明概念

　ストラトジック PSM 研究会ではプロセス安全を達成するために必要な技術・管理（マネジメント）体系を図 1.2 のように定義した．化学プラント（もしくは化学プロセスをもたなくても危険な物質や危険な操作などが必要な工場全般）において，リスク論およびプロセス安全技術体系を理解したエンジニアチームをも

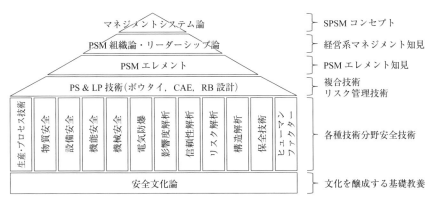

図 1.2 プロセス安全教育体系図

つ重要性が高まっている．本書の目的はプロセス安全エンジニアに必要な技術・知識体系を網羅的に提供することであるが，このようにプロセスプラント分野のみならず，製造系設備・工場の安全管理も横断的にリスクベースで実施するトレンドが広がりつつあるため，プロセス安全技術を応用して適用するための章（第3章）を設けている．

# 2

# 複合システムへの安全技術

## 2.1 プロセス安全

プロセス安全は化学プラントなど危険な物質を扱う設備から危険物質が漏洩し事故になること，または事故の被害が大きくなることを防止するための技術体系のことをいう．ここでいう"技術"には科学技術に加えて，組織が設備や人を管理する管理技術（マネジメント技術）も含まれている．

原料から製品を得るための工程（プロセス）は，その目的を達成するため，原料から製品に至るために必要な単位操作（化学反応，分離，蒸留，伝熱，流動など）設計と，それらを組み合わせ安定的に運転するための全体設計から成り立っている．第3章では製造業全般を対象とする一般産業に関しての安全技術についても解説するが，製造業系設備・工場でも，単位操作と全体工程（プロセス）という基本的な設備設計概念は同じであり，とくにリスクベースアプローチを用いて安全管理をする際には同じフレームワークの適用が効果的である．

化学プロセスを商業規模化した化学プラントはさまざまな工学要素技術を用いた複合技術体系でつくられている（図2.1）．それぞれの工学要素技術分野は過去の事故の経験から必要な安全設計を設計規格として盛り込んできた．化学プラントを複合技術としてとらえたときには，工学要素技術の安全性と同時に複合技術としての安全性を担保する安全技術が必要となる．

複合技術で構成される化学プラントのような"工学システム"の安全性を担保するために重要となるのがリスクベースアプローチである．ここでいう"リスク"は"工学システム"の危険性を示す尺度であるが，リスクベースアプローチ

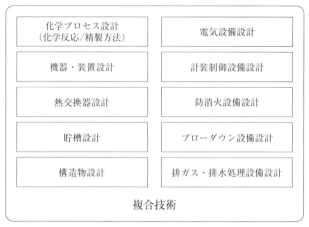

**図 2.1　要素技術と複合技術**
［化学工学協会, 1979a］

を用いて複合技術の安全性を担保していくためには以下の二つのコンセプトが重要となる．

### 2.1.1　多重防護コンセプト

　化学プラントは危険物を扱っているものの，その運転状態が正常範囲の中であれば危険性が事故として具現化することはない．プラント設備設計が，正常運転範囲を逸脱していく過程に対して多重に防護層が形成されていることを概念的に示したものが多重防護コンセプトである（図2.2）．そもそものプロセス設計を工夫することでできるだけ危険性を減らすことができるが，これを第一層としたうえで，運転制御システムによる運転範囲内への維持（第2層），ずれが大きくなった際にアラームを発報し運転員が然るべきアクションを行う（第3層），一定以上にずれが大きくなった際に自動で設備を停止するシステム（第4層），安全弁/破裂板など機械的に圧力超過状態から防護する設備（第5層），緊急遮断/緊急脱圧（ESD/EDP）システム（第6層），火災に対応するための防消火設備（第7層），事故被害を食い止める離隔距離（保安距離）（第8層），避難なども含めた緊急時対応マニュアル（第9層）で防護されていると考えるコンセプトである．

2.1 プロセス安全　　9

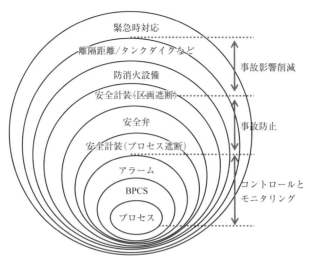

1. プロセス設計
   内容量の縮小/運転圧・温度を下げる/可燃性でない物質などの代替物質を選ぶ
2. 運転制御システム（BPCS：ベーシックプロセスコントロールシステム）
   高信頼性のシステム
3. アラーム
   プロセスデビエーション/可燃性・毒性ガス検知
4. 安全計装システム（SIS：safety instrumented system）
   プロセスデビエーションによる自動トリップ（local SIS）
5. 安全弁/ラプチャーディスク
6. ESD/EDP システム（global SIS）
7. 防消火設備
8. 離隔距離/タンクダイク
9. 緊急時対応マニュアルなど

図 2.2　多重防護コンセプト
［CCPS, 1993 をベースに実際の設計に準じて再構築］

## 2.1.2　ALARP コンセプト

　もう一つの重要なコンセプトが ALARP コンセプトである．こちらは"リスク"の削減目標を示す概念である．リスクはその性質上，リスクを発生させている危険物を取り除かない限りゼロになることはない．ALARP とは as low as reasonably practicable の頭文字をとったもので，"アラープ"と呼ばれている．これはリスクを"合理的に実行可能な限り低く"するという目標を示すものである．リスクの大きさは図 2.3 に示す 3 カテゴリーに分けられる．リスクが大きい場合は"許容できないリスク"，反対にリスクが非常に小さい場合は"無視できるレ

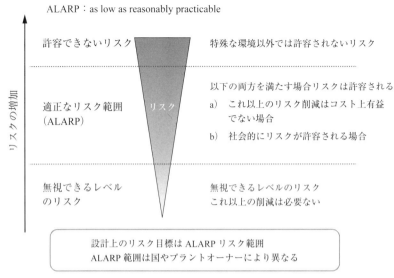

図 2.3　ALARP コンセプト

ベルのリスク"となるが，その中間に位置する領域が"適正なリスク範囲"と考えられる．この適正なリスク範囲に入ったリスクを経済的に"合理的に実行可能な限り"低くまで対策をとったポイントが ALARP のリスクということになる．

### 2.1.3　リスク削減コンセプト

上述の二つのコンセプトを組み合わせると化学プラントのリスク削減コンセプトを導くことができる．図 2.4 で示すように，何も安全設備（防護層）がないと考えた状態で事故発生時に被ると考えられる影響度と，事故発生の想定頻度から，化学プラントが本質的にもっていることになるプロセスリスクが評価できる．このプロセスリスクを防護層の組合せでリスク削減を行い ALARP リスクまで低減させるというのがリスク削減コンセプトである．ALARP まで低減させるのに必要なリスク削減幅を達成する際に，いくつかの防護層を組み合わせることでそれぞれに適切なリスク削減幅を割り当てることができるため，合理的なプロセス安全設備設計ができることになる．

このように"リスク"という概念を導入することで，複合システムとしての化学プラントの安全設計を合理的かつバランスのよい全体設計に導くことができるようになる．

2.1 プロセス安全　　11

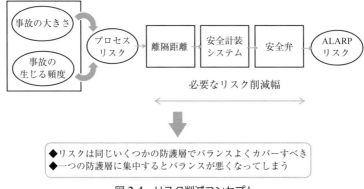

図 2.4　リスク削減コンセプト

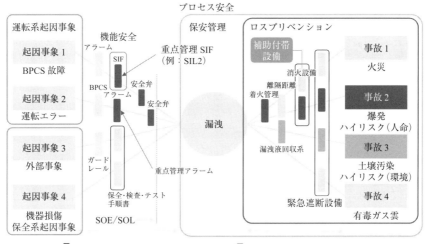

図 2.5　プロセス安全概念図

注）BPCS：basic process control system，SIF：safety instrumented function，SIS：safety instrumented system，SOE：safe operating envelope，SOL：safe operating limits

　もう一つ，多重防護層モデルをより詳細に表現することでプロセス安全技術全体像を定義したものを紹介する．図2.5にボウタイ（bowtie）図と呼ばれる図を示す．ボウタイは蝶ネクタイの意味で，中心に化学プラントで生じる漏洩事故を配置し，左側に漏洩事故を引き起こす起因事象（スレット）を，右側に漏洩から進展した最終的な事故の形態（プール火災とかガス爆発など）を配置している．

一つの漏洩事故でも複数の起因事象，複数の事故形態が考えられるため，必然的にボウタイ形状になる．起因事象から漏洩，漏洩から最終的な事故形態と左から右に向けて事故の進展を表現している．この事故の進展を防ぐ防護層を，それぞれの起因事象ごと，事故形態ごとに適切に配置していくことで，想定される事故進展に抜け落ちがなく防護層を配備していくことができる．さらに実際には事故形態ごとにリスクも変わってくるため，リスクが大きい事故への進展を防ぐ防護層は相対的に重要度が高くなる．この重要度が高い防護層をセーフティクリティカルエレメント（SCE），環境事故を防ぐ重要防護層を環境クリティカルエレメント（ECE）と呼び，重点項目として管理していくことで操業中の重大事故防止に寄与することになる．このボウタイで表現されるモデルが，プロセス安全技術で達成したい技術体系ということになる．

## 2.2　リスクマネジメントプロセス

　化学プラントには，プラント建設を検討する採算性検討期，どのような設備構成にするかを検討する概念設計期，詳細に設計を詰める詳細設計期，建設期，操業期（操業期には適宜運転・保全活動が行われる），設備の拡張などを行う設備設計変更期，最後に設備の廃止措置期というライフサイクルが存在する．
　一方でプロセス安全を担保するためには，以下のリスクマネジメントプロセスに従いリスクを最小限に落とし込む努力を継続的に行っていく必要がある．継続的にというのは，リスクが ALARP と評価されなかった場合は設備の変更なども含めて改善した後に再びこのプロセスを回し ALARP となったかを再確認する必要があり，設備設計についても，概念設計から詳細設計，また操業開始後の設備変更などを経ることでリスクが変動してしまうため，繰り返し ALARP の確認を行う必要があるからである．
- 危険源（ハザード）の同定
- リスクアセスメント
- 安全設備に適切なリスク削減機能を割り振り，SIS 設計と安全設備の必要機能要求を定義
- ALARP の確認

操業期間におけるリスクマネジメントプロセスには，ALARP を確認するだけでなく，ALARP を維持するために必要となる機能要求管理を行っていくことも

2.3 設備安全と操業安全管理　　13

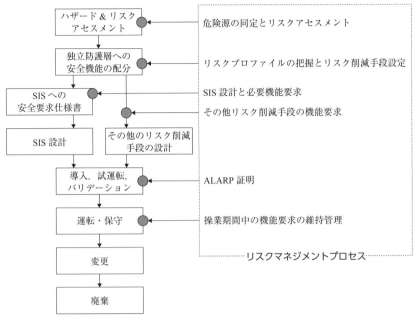

ライフサイクルマネジメントプロセス（IEC61511）
図 2.6　プラントライフサイクルにおけるリスクマネジメントプロセス
［International Electrotechnical Commission（IEC），2017b］

含まれる．

　安全計装システム（SIS）の設備設計をプラントライフサイクルの中でリスクベースで実施する場合の流れと，その流れの中の主要なリスクマネジメントプロセス項目を示したものを図 2.6 に示した．ただし前述のように必ずしも一度でリスクマネジメントプロセスが完了するとはいえないため，ライフサイクルを通じてこのプロセスを繰り返していくことになる．

## 2.3　設備安全と操業安全管理

　プラントライフサイクルの中でプロセス安全を達成するために必要な業務を大別すると，大きく設備安全設計と操業安全管理に二分することができる．さらに設備安全設計の中でも採算性検討期から概念設計期で重要となる敷地配置計画を区分けし，操業安全管理を安全運転と保守管理に区分した以下の四つの要素で表

14    2  複合システムへの安全技術

現できる.

- 敷地配置計画（site layout plan）
- 安全設計（safety design）
- 安全運転（safe operation）
- 保守管理［maintenance（management）］

敷地配置計画および安全設計に必要な技術体系に関しては本章にて順次解説
し，安全運転および保守管理に関しては第4章で解説する.

## 2.4  本質安全と機能安全

安全性を高めるための手法として，本質安全と機能安全という二つの考え方が
存在する．本質安全は付加的な設備をつけることなく安全性を高めること，機能
安全は付加的な設備により安全性を高めることの意味で使われている.

付加的な設備をつけることなく安全性を高める本質安全向上策にはいくつかの
方策が考えられるが，ここでは表2.1に示す五つの本質安全項目を紹介する．
"強化"は危険物質の取扱い量を削減したり設計限界を引き上げるような方策，
"代替"は危険性の少ない物質を代替として選択するなど，"減衰"は運転圧力や
温度を下げることで内部のエネルギーを低下させるなど，"制限"は事故発生時
に影響が低くなるような機器配置や離隔距離をとるなど，"簡略化"はシンプル
にすることで操作ミスなどの事故原因を減らすこと，である.

2.5節で述べる敷地配置計画は化学プラントの安全性を高めるうえで大変重要
な要素である．敷地配置計画は，事例にも挙げた通り事故の影響を"制限"する
ことに大きく寄与することができる.

表2.1  本質安全項目

| 本質安全項目 | プラント設計での例 |
|---|---|
| 強化（intensification） | 設計圧力・温度限界を上げる，危険物質量の削減など |
| 代替（substitution） | 危険度の少ない物質の選択 |
| 減衰（attenuation） | 運転圧力・温度を下げる |
| 制限（limitation） | 事故影響度を下げる（例えば機器配置や離隔距離） |
| 簡略化（simplification） | 複雑化を避けることで事故原因を減らす |

［Klets, 2010］

## 2.5 敷地配置計画・設備レイアウト

化学プラント施設は主に以下のような区画に分類することができる.

- 事務所地区
- 管理地区（試験研究室，修理工場，保安室，消防センター，資材倉庫）
- ユーティリティ地区
- プロセス地区
- タンク地区
- 受入出荷設備地区
- その他（フレアスタック，排水処理設備など）

敷地配置計画として重要なことは本質安全性の高い敷地配置を達成することとなるが，その際とくに以下の項目を考慮して計画を行うべきである.

- 原料受入れから製造，製品貯蔵および出荷の流れが交錯しない配置
- 危険度の高い機器を1カ所に集め，他の設備との離隔をとる.
- 着火源を風上に置く.
- できる限り離隔距離をとる.
- 最重要なシステムにはバックアップを設ける.
- 万が一事故が起きても被害を最小限にとどめるための配慮
- 避難路への考慮

また地区ごとの相対的な位置関係として，以下も考慮に入れるとよい.

- 事務所地区は正門近くに配置し，プロセス地区，タンク地区からは離すこと.
- プロセス地区は敷地外の住居地区，公道，鉄道などから保安距離をとり，また事務所地区，管理地区からは離すこと.
- タンク地区は事務所地区および管理地区から十分離し，プロセス地区とは道路などにより十分な保有空地をとること.
- 各タンク間には災害の拡大防止および消火活動に有効な保有空地を設けること.
- フレアスタックおよび焼却炉などは着火源となる恐れがあるので，プロセス地区およびタンク地区からは遠く離し，かつ風上に配置する

地区ごとの相対位置関係や離隔距離をとることと同様に重要となるのが構内道路の配置計画である．以下を考慮して決定する必要がある.

16    2 複合システムへの安全技術

- 緊急時避難および消火活動を十分に考慮した配置計画とすること. 具体的には, プラント外周道路の設置, タンク周囲への道路設置, 非常用ゲート設置, 袋小路 (デッドエンド) をつくらず1カ所での火災で閉じ込められないような道路配置計画にするなどである.
- 避難路に十分な幅と高さをとること.
- 各設備区画においては出口までの最大移動距離が長くなりすぎないように配慮すること.

## 2.6 リスクベース安全設計

　リスク削減コンセプトについては2.1.3項で説明した通りであるが, もともとのプロセスリスクをできるだけ小さくするための本質安全考慮を行い, その後プロセスリスクを算定しプロセスリスクをALARPまで削減するための安全設備設計を行い, 後述するHAZOP/LOPAなど危険源の特定とリスク解析手法を用いてリスクを確認し, 最終的な設備設計を完成させるとともに運転・保全での重点管理項目とするべき機能要求を設定し, 操業管理に適用していくというプラントライフサイクルに沿ったリスクベース設計と, それに基づくリスク管理を行っていくリスクマネジメントプロセスを確立することが重要となる.

　この際に設備の本来の目的を達成するための設備設計の流れが存在することを忘れてはならない. プロセス安全が重要なことは変わらないが, 設備がもつ本来の目的 (製品をつくる) が達成できなければ本末転倒であるため, 設備設計の流れの中でプロセス安全性能を高めるための考慮を順次実施していくことが肝要である. リスクベースを採用する場合には, 保安/プロセス安全 (PS) の管理計画としては前述のリスク削減を達成するための機能要求を定義し, 設計から操業管理まで一貫した管理体制を構築することが重要になる. この流れとは別に設備全体の健全性を確保するための保全計画も別途立案し操業管理で展開することになるが, 保安・保全の管理項目をすり合わせていくことで操業管理の最適化が図れることとなる (図2.7).

## 2.7 安 全 設 計

　安全設備の設計は, 事故発生頻度を削減する防護層設計と事故影響度を削減す

2.7 安全設計    17

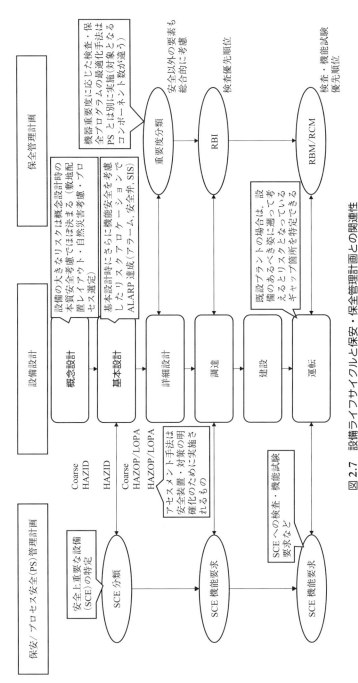

図 2.7 設備ライフサイクルと保安・保全管理計画との関連性

注) RBI : risk based inspection, RBM : risk based maintenance, RCM : reliability centered maintenance

18    2　複合システムへの安全技術

**表 2.2　事故発生頻度削減層と事故影響度削減層の機能の違い**

| | | | 発生頻度 [/年] | | | | |
|---|---|---|---|---|---|---|---|
| | | | 頻繁に発生 | ときどき発生 | まれに発生 | ごくまれに発生 | ほとんど発生しない |
| | | | $>10^{-1}$ | $10^{-1}$〜$10^{-2}$ | $10^{-2}$〜$10^{-3}$ | $10^{-3}$〜$10^{-4}$ | $<10^{-4}$ |
| 事故影響度 | 過　酷 | 大規模な人命損失<br>大規模な環境影響<br>大規模な資産の損失 | A | A | A | B | B |
| | 重　大 | 数名の人命損失<br>環境への多大な影響<br>資産の大きな損失 | A | A | B | B | C |
| | 相　当 | 1名の人命損失<br>環境への中程度の影響<br>資産の中程度の損失 | A | B | B | C | C |
| | 限定的 | 1名の重傷者または数名の軽傷者<br>環境への軽微な影響<br>資産の軽微な損失 | B | B | C | C | C |
| | ごくわずか | 軽傷者1名<br>環境への影響が非常に軽微<br>資産の損失が非常に少ない | B | C | C | C | C |

（表中の囲み：事故影響度を削減する防護層／事故発生頻度を削減する防護層）

A：許容できないリスク（追加の対策や設計変更が必要）
B：適切な対策があれば許容できるリスク（追加の対策や設計変更の必要の有無を検討）
C：許容できるリスク

る防護層設計に大別される．どちらもリスクを削減する効果がある防護層である．この考え方はリスクの大きさを事故の発生頻度ランクと影響度ランクの行列で表現したリスクマトリックスで理解するとわかりやすい（表 2.2）．事故発生頻度を削減する防護層は事故が具現化する頻度を削減する効果をもつ．事故影響度を削減する防護層は事故が発生してもその影響の拡大を抑える効果をもつ．リスクを完全にゼロにすることはできないため，化学プラントの安全設備設計はこの二つの防護層をバランスよくもつことが求められる．

## 2.7.1　事故発生頻度を低減する設備設計

化学プラントの事故発生頻度を低減する安全設備として代表的なものは，アラーム（と運転員の対応），安全計装システム（SIS）に代表される緊急遮断設

備，安全弁などの圧力超過防護装置が挙げられる．

**アラーム**：プロセスの"ずれ"を検知し，"ずれ"を修正するための運転員の適切な対処を促す設備．アラーム発報後，危険な状況が顕在化（漏洩発生）するまでの時間に対して，以下の時間を考慮しても十分余裕があることが必須となる．

- アラームが発報されたあと運転員が気づくまでの"認知遅れ"時間
- 認知したのち適切な行動を判断し行動に移すまでの"行動遅れ"時間
- さらに"ずれ"を修正するための適切な行動にかかる時間

また昨今ではDCS（分散コントロールシステム）の普及とともに多数のアラームが設定されているが，アラーム発報が同時に多数起こるアラームフラッディング（アラームの洪水）と呼ばれる現象を避けるため，アラームの中でも重要度分類をつけ，最重要なものの対処遅れがないようにする工夫も行われている（アラームマネジメントと呼ばれる）．

**安全計装システム**（SIS）：制御系（DCS）と独立な計装シャットダウンシステムのことをSISと呼ぶ．センサーによりプロセスコントロールの異常を検知し，緊急遮断バルブなどにより自動的にプロセスを停止するシステムを構築する．代表的な構成は，センサー（圧力・温度・液位など），PLC（programmable logic controller），および遮断弁である．

**安全弁**：圧力容器が所定の圧力に達したときにバルブが開くことで圧力超過分を逃がす弁のこと．ばね式とパイロット式がある．所定の圧力を下回ると閉まる構造であるため，火災時の入熱のように圧力超過の原因がしばらく続く場合は，設定圧力近辺で開閉を繰り返すことになる．内容物を放出する口径が十分でない場合は，系内の圧力を逃がしきれず圧力が超過するため，必要放出量の計算と適切な寸法の設計が極めて重要となる．

**フレアシステム**：化学プラントでは安全弁などから排出される可燃性物質を安全に大気中に放出するために煙突の出口にバーナーを装備し，ガスの放出が生じたときに焼却処理ができるフレアシステムをもたせていることが多い．フレアシステムも設計処理量を超えると適切に放出できず，防護すべきはずの安全弁で圧力超過を防ぐことができないなどの不具合につながるため，必要最大放出量の計算と適切な寸法の設計が極めて重要となる．

化学プラントでは，プロセス運転が通常運転範囲からずれて安全運転限界を超えないようにこれらの安全装置による多重防護層を構築している．とくにずれから漏洩に事故進展することを止める防護層は事故の発生頻度を削減する効果があ

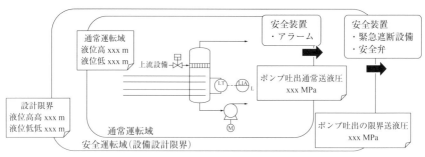

図 2.8 プロセス運転のずれ進展と安全装置の関係性

る（図 2.8）．

各想定事故シナリオに対して適切な設計がなされていることが大前提となるが，2.1.3 項の図 2.4 で示したリスク削減コンセプトで示した通り，事故シナリオのリスクの大きさごとにこれら個別の防護層のリスク削減幅を割り当てていくことで ALARP を達成できるようにする．これをリスクアロケーションと呼ぶ．リスクベース設計においてはこのリスクアロケーションが重要な意味をもち，設備設計の適切なタイミングで実施することで適切なリスク削減設備の実装とリスクの ALARP までの削減を達成できる基礎となる．しかし実際には，前述したプラントライフサイクルの観点で，設備の設計から運転に至るまでの一定期間の間に設備設計は概念設計 → 基本設計 → 詳細設計と段階的に進展していく．このタイムラインの中で本質安全設計からリスクアロケーション，後述の HAZOP/LOPA などリスク解析，操業管理に展開するための機能要求整備を設備設計の調整とともに適宜実施していく複雑なマネジメントが必要となる（図 2.9）．図 2.9 に示す通り，HAZOP/LOPA などを実施する以前に，安全設計担当者が適切な事故頻度削減設備へのリスクアロケーションを行っておくことが重要である．この初期リスクアロケーションを行う際に有効なフォーマットが EUC（equipment under control）リストといわれるものである（表 2.3）．化学プラントの機器ごとに想定される典型的事故シナリオに対してリスクアロケーションを行うという簡易型 HAZOP/SIL（safety integrity level）のイメージである．

## 2.7.2 事故影響度を低減する設備設計

化学プラントの事故影響度を低減する設備設計要素は，敷地配置，自然災害な

## 2.7 安 全 設 計

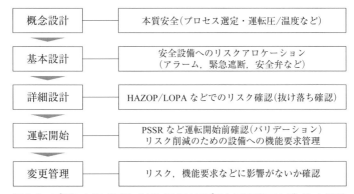

**図 2.9** プラントライフサイクルにおけるプロセス安全マネジメント要件
（事故発生頻度削減防護層）

注）PSSR：pre startup safety review

**表 2.3** EUC リストによるリスクアロケーション例

| EUC No. | EUC | 危険シナリオ/安全装置 | 必要 SIL | 独立防護層（IPL） |||
|---|---|---|---|---|---|---|
| | | | | アラーム | SIF | 安全弁 |
| 1 | 蒸留塔-01 | 気層閉塞による圧力超過 | SIL3 | ― | 1 | 2 |
| | | リボイラーの炊き上げ超過による圧力超過 | SIL3 | a | 1 | 2 |
| 2 | 圧縮機-01 | | | | | |
| | | | | | | |

どへの考慮度合い，事故想定荷重に耐えられる構造設計といった本質安全と，漏洩したガス・火災検知システム，防消火設備，緊急遮断・脱圧設備といった緊急時対応用設備からなる．

### a. 本質安全向上策

- **敷地配置計画**：2.5 節参照のこと．
- **離隔距離**：プラント設備・機器は危険なものが多いため，適切な相対離隔距離をもつことが推奨されている．これまでの運転や事故の経験からくる推奨離隔距離チャートがいくつかのガイドラインや書籍で示されている（表2.4）．これらのようなガイドラインで示される推奨離隔距離は，それらの値をベースラインとし，守れない部分には安全設備の増強をするなど，評価の

22    2 複合システムへの安全技術

表 2.4  設備の離隔距離基準を示すガイドライン例

| 出版元 | タイトル | 説　明 |
|---|---|---|
| Process Industry Practices | PIP PNE0003 Process Unit and Offsite Layout Guide | 米国のオペレータ中心にエンジニアリングプラクティスを収集し規格化したもの |
| US AIChE CCPS（Center of Chemical Process Safety） | Guidelines for Facility Siting and Layout | CCPS が化学プラントの敷地配置計画のガイドラインとして発行したもの |
| Global Asset Protection Services, LLC | GAP 2.5.2 Oil and Chemical Plant Layout and Spacing | 保険会社系の参考ガイドライン．プラント安全に関するプラクティスをガイドライン化したもの．他ガイドラインに比べて離隔距離は大きめの傾向がある |

基準としても用いることができる.

• **自然災害などへの考慮**：降水量，風加重，地震など自然災害に対してどのレベルまで設備が耐えられるように設計するかは安全上非常に重要な意味がある．設計考慮の仕方としては，例えば10年に1度降るくらいの大雨時の降水量までは表面排水の想定処理量とするなどである．つまり，この例の場合，100年に1度の大雨の場合表面排水は処理できなくなり敷地内で洪水状態になる可能性があることになる．当然，非常に発生頻度の低い大きな自然災害にも耐えられるようにしたいが，実際には設備の処理量や構造物の荷重設計が保守的になりすぎると設備への投資額が非常に大きいものになってくるため，慎重に評価する必要がある．いずれにしても設備が想定する自然災害の大きさを明確にすることで，それ以上の自然災害が来た際には事前に安全に運転を停止するなどの処置をとることができるようになるため，非常に重要である.

• **想定事故荷重**：とくに人が常駐する建屋や事故・災害などの緊急時に必要な安全設備は，リスク削減の観点から，事故が発生した際にも壊れないことや機能性を維持することが求められる．そのためには，事故発生時の事故荷重（爆発による爆風圧や火災の輻射熱）をあらかじめ想定し，設計荷重として設備設計に考慮しておくことが重要である．想定事故荷重を推算するための事故影響評価手法については2.8.5項を参照のこと.

## b. 緊急時対応設備

- **ガス・火災検知システム**：ガス漏洩および火災の検知設備．漏洩・火災の箇所の特定とアラーム発報（もしくは自動で緊急遮断を起動のケースもあり）を行う．ガス検知種類は，可燃性ガス・毒性ガス（$H_2S$ やベンゼンなど）などがあるので，事故シナリオに応じて適切に配備する必要がある．

- **緊急遮断設備**：漏洩や火災発生時に，該当の区画を緊急遮断弁（ESDV）にて遮断し，該当区画への流入による被害の拡大を防ぐ設備．遮断した区画から隣接区画へのドミノが発生しないように，区画間の離隔距離を設定することが重要．

- **緊急脱圧設備**：火災や漏洩が発生した区画にあるプロセス機器が，二次災害により BLEVE やさらなる延焼被害を起こさないよう，プロセス内部圧力を緊急脱圧する設備．一般的な基準クライテリアは，15 分間で設計圧力の半分もしくは 7 barG のどちらか小さい方まで下げること（ただし，プール火災により 1 インチ厚の炭素鋼でかつ内部が液に接触している面があぶられていることを想定している）とされている（API 521）．ただし圧力容器の内側が気層に接している面がジェット火災であぶられるような場合は，メタル温度が急激に上がり強度が低下するため，圧力容器の材料強度低下速度と内圧上昇速度をシミュレーションにより比較し，破裂が発生する前までに脱圧を終了させる必要がある．

- **防消火設備**：火災が発生した区画に散水を行うことにより延焼を防止する設備．散水量は機器表面の単位面積あたりに散水する量を想定される入熱量に対して水が蒸発しきらない量に設定する．API（American Petroleum Institute）や NFPA（National Fire Protection Association）などの規格で想定している事故シナリオはプール火災ベースとなっている．一方で，ジェット火災対応に関しては放水銃などのまとまった量がないと対応が難しいため，リスクベースで詳細に検討することが必要になる．

　一般的な多重防護コンセプトの説明では，これら事故影響を低減する設備もそれぞれが独立した設備として事故進展防止に寄与するという説明がされることがある（図 2.10）．しかし正確にはガス・火災検知設備で漏洩事故が検知されたあとに，そのアラームを認知した運転員が適切な区画（事故が起こっている区画）の緊急遮断，緊急脱圧，および防消火設備の起動をかけて初めて事故影響を低減する効果が得られる．これは運転員を介して一つの大きなシステムを構築してい

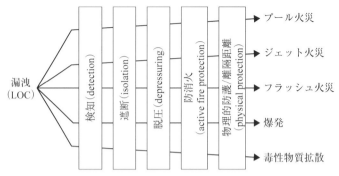

図 2.10　事故影響度削減防護層の一般的な独立性解釈
[Tanabe, 2011]

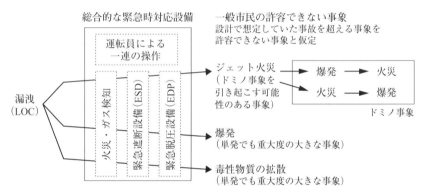

図 2.11　設備設計と操作上の相互依存性を考慮した場合の事故影響度削減防護層効果
[Tanabe, 2011]

るともいえる（図 2.11）．敷地配置図および設備の区画割りと照らして緊急時対応が確実にできることをしっかりと確認しておくことも重要となる．この観点に関してはヒューマンファクターの概念が有効である．ヒューマンファクターに関しては 2.8.17 項を参照のこと．

　化学プラントの事故影響度を削減する設備の設計に関しても，プラントライフサイクルのタイムラインの中で概念設計時に敷地配置計画や自然災害考慮といった本質安全を高め，基本設計時にリスクアロケーションを設備設計に盛り込んだのち，後述する事故影響評価や QRA（定量的リスク評価）といった手法を用いてリスクが ALARP といえるか検証していくという流れが重要となる（図 2.12）．

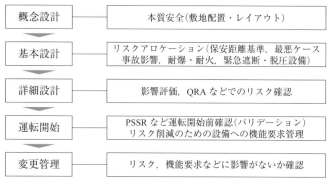

図 2.12 プラントライフサイクルにおけるプロセス安全マネジメント要件（事故影響度削減防護層）

## 2.8 HIRA

　化学プラントのリスクを把握する（リスクプロファイルの把握）ために，危険源の同定とリスク解析は有効である．"危険源の同定とリスク解析"の英語は hazard identification and risk assessment となるが，この頭文字をとり HIRA と略されることもある．HIRA はあくまで手法の総称であり，実際には種々の個別手法が存在している（表 2.5）．本節ではこのうち化学プラントで使われることが多い手法について紹介する．

　HIRA 手法の中では HAZOP が非常に有名で多く使用されているが，それぞれの手法は得意・不得意な対象があるため，リスクプロファイルを正確に把握するためには化学プラントの特徴を把握したうえでどの手法を適用するかを HIRA プログラムとして決定することが重要となる．化学プラントと一口にいっても，化学プロセスだけでなく機械設備による機械リスクなどさまざまなリスク種別が存在し，またプラントライフサイクル上のタイミングによって適した手法も変わってくる．HIRA 全体プログラムを検討する際に有効なハザードスタディレベルを表 2.6 に示す．HIRA プログラムと表現する通り，通常は複数の手法をそれぞれ適したタイミングごとに実施していくプログラムを作成するという，複合的なアプローチが必要になる．既設プラントの HIRA 実施においても，リスクプロファイルの網羅性を向上させていくためには，いきなり HAZOP を適用するよりもハザードスタディレベルの高いスタディを先に実施することで，大きな目で

## 表 2.5　代表的な HIRA 手法と概要

| HIRA 手法 | 概　要 |
|---|---|
| HAZID<br>(hazard identification) | ガイドワードによる危険シナリオ抽出手法．ガイドワードは，火災・爆発，自然災害など大まかな災害区分からなる．PFD・敷地配置図をベースとしたワークショップスタイルでの実施 |
| HAZOP<br>(hazard and operability) | ガイドワードによる危険シナリオ抽出手法．ガイドワードは，プロセスコントロール差異をとらえるためのプロセスパラメータとそのずれから構成される．P & ID をベースとしたワークショップスタイルでの実施 |
| What-if Analysis | プロセス系危険シナリオ抽出手法．ガイドワードは用いず，What-if... で始まる質問によりプロセスのずれやエラーシナリオを抽出する手法．P & ID をベースとしたワークショップスタイルでの実施 |
| FMEA<br>(failure mode and effect analysis) | プロセス系危険やシステム設計での故障シナリオ抽出に用いられる手法．機器・コンポーネントごとの故障モードを抽出し，そのときの影響を評価する手法 |
| SIL<br>(safety integrity level) | 安全計装系に特化して，HAZOP などで抽出された危険シナリオが顕在化した際のリスクを許容レベルまで削減するための安全計装系信頼性レベルを評価する手法 |
| LOPA<br>(layers of protection analysis) | HAZOP などで抽出された危険シナリオに対する防護層を抽出し，それぞれのリスク削減効果を評価するとともに，その残存リスクが許容リスクに到達したかを評価する手法 |
| FTA<br>(fault tree analysis) | システムの信頼性評価手法．トップ事象からトップ事象を生じさせる原因となる基本事象まで分解し，基本事象の発生確率からトップ事象の発生確率を算出する手法 |
| ETA<br>(event tree analysis) | 起因事象が発生したところからイベントが進行していく過程において安全装置が成功する確率を分岐確率として設定することで，イベントの発生確率を算出する手法 |
| HAZAN（hazard analysis)/<br>consequence analysis | 事故影響度評価．ガス拡散，火災，爆発などの影響範囲を評価する手法 |
| QRA<br>(quantitative risk analysis) | 事象の発生頻度と影響度の双方を評価することで，プラントがもつ危険性をリスクマップを用いて評価する手法 |

注）PFD：process flow diagram，P & ID：piping and instrument diagram

表 2.6　ハザードスタディレベル

| ハザードスタディ<br>レベル | | 典型的な適用手法 | レビューのポイント | | | | |
|---|---|---|---|---|---|---|---|
| | | | 取扱物質<br>・反応性 | レイア<br>ウト | 操作性 | システ<br>ム | 手　順 |
| 1 | 概念設計ハザード<br>レビュー | 物質危険性評価,<br>Coarse HAZID | ✓ | | | | |
| 2 | 基本設計ハザード<br>レビュー | HAZID, Coarse<br>HAZOP/LOPA | ✓ | ✓ | ✓ | | |
| 3.1 | 詳細設計ハザード<br>レビュー | HAZOP, LOPA | ✓ | ✓ | ✓ | | |
| 3.2 | システム信頼性・<br>稼働率 | FTA, FMEA, RAM | | | | ✓ | |
| 3.3 | 操作・作業手順危<br>険性レビュー | ヒューマンファク<br>ター手法（タスク<br>アナリシス） | | | | | ✓ |

注）RAM：reliability availability and mainteinability の略で設備の稼働率を評価する手法.

のハザード・リスクを把握してから順次詳細レベルにスタディに移っていく方が効果的な傾向がある.

## 2.8.1　HAZID

HAZID は，ガイドワードに基づきハザードを抽出する手法で hazard identification の最初の数文字をとり略したものである．ガイドワードを表 2.7 に，HAZID 実施手順フローチャートを図 2.13 に示す．実施形態はチームによるブレインストーミング形式となる．議長役をファシリテーターと呼び，議論の議事録を記録する係をスクライブと呼ぶ.

ガイドワードに関しては，国際規格のガイドワード（ISO 2016，ISO 2015）も存在するため参照されたい．ただし HAZID のガイドワード選定は HAZID の議論を牽引するファシリテーターが落とすことなくハザードを抽出できるように自ら選定・設定することが重要である.

HAZID の実施は，化学プラントのプロセス構成がわかる PFD（process flow diagram）と敷地配置図をもとに実施する．敷地配置図上でガイドワードを適用していく対象エリアの区分を決める．対象エリアの区画ごとにすべてのガイド

*28* 　2　複合システムへの安全技術

表 2.7　HAZID ガイドワード例

| カテゴリー | ハザード種別 | ガイドワード |
|---|---|---|
| 外部ハザード | 自然災害 | 極端な気象状況，落雷，気候変化，地震，浸食，地盤沈下，陥没 |
| | 外部ハザード，第三者によるハザード | 第三者による活動，ヘリコプターや航空機衝突，船舶の衝突，外部オペレータ |
| | 人的エラー | メンテナンス，検査・点検 |
| | 人による意図的なハザード | セキュリティハザード，テロリストによる活動 |
| 設備ハザード | プロセスハザード | プロセス漏洩-未着火，プロセス漏洩-着火，プロセス漏洩-毒性，プロセス漏洩-温度，プロセス漏洩-急激な相変化，反応-発熱，ポリマー化，ミサイル*，貯槽-ロールオーバー，ボイルオーバー，フレアリング，ベンティング，ドレイニング，サンプリング |
| | 火災・爆発ハザード | 貯蔵された可燃物，着火源，機器レイアウト，火災防護と対応，運転員の保護 |
| | コントロール方法/運転・設計思想 | 人員配置/運転思想，運転コンセプト，メンテナンス思想，プロセス制御思想，敷地内人口密度分布，緊急時対応，同時運転，スタートアップ/停止 |
| | ユーティリティシステム | 防消火設備，燃料ガス，熱媒，冷媒，ディーゼル燃料，電気供給，スチーム，ドレイン，不活性ガス，廃棄物貯蔵と処理，化学物質/燃料貯蔵，飲料水，下水 |
| | メンテナンスハザード | アクセスの要求，オーバーライドの必要性，バイパス要求，機器類似性，重量物釣上げ・搬送の要求，輸送 |
| | 居住区とプロセスエリア外のハザード | プロセス起因以外の火災，煙の侵入，ガスの侵入，積重ね，貯蔵 |
| | 機械ハザード | メカニカルハザード，電気ハザード，熱ハザード，騒音ハザード，振動ハザード，放射線ハザード，物質ハザード，人間工学的ハザード，機械周辺環境起因のハザード，組合せハザード |
| 健康ハザード | 健康ハザード | 疫病 |
| | 職場環境 | 物理的ハザード，温度，大気 |
| 環境ハザード | 環境への影響 | 連続的な大気への放出，連続的な排水の放出，連続的な土壌への放出，緊急時/運転異常による放出，土壌汚染，設備による影響，廃棄物の廃棄方法オプション，建設のタイミング |

* 回転機械のローターが飛び出して飛来衝突するような事故のことを"ミサイル"と称する．

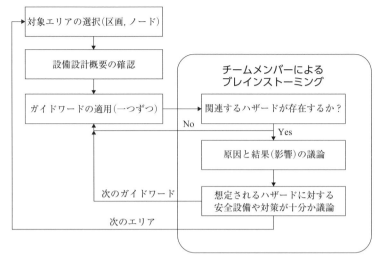

図 2.13 HAZID スタディプロセス

ワードを順次適用し，該当するハザードがないかチームで議論する．これをすべてのエリアの確認が終了するまで繰り返す．ガイドワードに関連するハザードを引き起こす原因は対象エリアごとに抽出していくが，影響に関しては対象以外のエリアの設備にも影響が出る可能性もあるので，対象エリアに限定せず議論すること．議論内容は表 2.8 に示すワークシートに記載する．

### 2.8.2 HAZOP

HAZOP は，ガイドワードに基づきハザードを抽出する手法で hazard and operability の最初の数文字をとり略したものである．プロセス運転の"ずれ"を想定するガイドワードを用いるのが特徴である．英国 ICI 社が 1960～70 年代にプロセス設計および運転における単一故障・単一事象による危険源を網羅的に特定するため開発した．

ガイドワードは標準化されており国際規格 IEC 61882（2016）を参照するのがよい．また原典としては，CISHEC が 1977 年に出版した"A Guide to Hazard and Operability Studies"［CISHEC, 1977］が参考になる．表 2.9 に連続プロセスに適用する際の典型的なガイドワードとプロセスパラメータから想定される"ずれ"を示す．ガイドワードは結果として同じずれを導くことが多い（"流れなし"と"圧力高"など）がこれは手法上意図的に設計されているもので，繰返し多面的

表2.8　HAZIDスタディワークシート

| シナリオ番号 | ハザード | | 原因 | 結果 | 頻度 | 影響度 | | | オリジナルリスク | | | セーフガード | 頻度 | 影響度 | | | 削減リスク | | | リコメンデーション |
|---|---|---|---|---|---|---|---|---|---|---|---|---|---|---|---|---|---|---|---|---|
| | ハザードタイプ | ガイドワード | | | | P | E | A | P | E | A | | | P | E | A | P | E | A | |
| | | | | | | | | | | | | | | | | | | | | |
| | | | | | | | | | | | | | | | | | | | | |
| | | | | | | | | | | | | | | | | | | | | |
| | | | | | | | | | | | | | | | | | | | | |
| | | | | | | | | | | | | | | | | | | | | |
| | | | | | | | | | | | | | | | | | | | | |
| | | | | | | | | | | | | | | | | | | | | |
| | | | | | | | | | | | | | | | | | | | | |
| | | | | | | | | | | | | | | | | | | | | |
| | | | | | | | | | | | | | | | | | | | | |
| | | | | | | | | | | | | | | | | | | | | |
| | | | | | | | | | | | | | | | | | | | | |

表 2.9 HAZOP スタディで想定されるずれ

| パラメータ | ガイドワード | | | | | | |
|---|---|---|---|---|---|---|---|
| | No | More | Less | As well as | Part of | Reverse | Other than |
| 流れ | 流れなし | 流れ増 | 流れ減 | | | 逆流 | スタートアップ/シャットダウン/メンテナンス/サンプリング/腐食・摩耗/着火源など |
| 温度 | | 温度増 | 温度低 | | | | |
| 圧力 | バキューム | 圧力高 | 圧力低 | | | | |
| 液位 | | 液位高 | 液位低 | | | | |
| 粘度 | | 粘度高 | 粘度低 | | | | |
| 組成 | | | | 汚染・混ざり | 組成変化 | | |

に議論を行っていくことで危険源特定の網羅性を上げることができる.

　HAZOP は通常, 配管計装図 (P & ID：piping and instrument diagram) と呼ばれるプラントのプロセス工程と配管・機器構成に電気・計装設備構成を加えて表現した図面をベースに行う. P & ID をノードと呼ばれる区画に区分し, このノードごとにガイドワードを適用し, ずれを引き起こす原因, ずれが進展した場合の影響・結果, さらにずれを防止するための安全装置・対策を抽出していく. HAZOP 手順のフローチャートを図 2.14 に示す.

　HAZOP ノードは, プロセス的に意味がある単位で小さくシステムを区切っていくことになるが, ノードごとにガイドワードを適用し該当する起因事象を拾っていくため, ノードが小さい方が見落としは少ないが全体としては時間がかかる, 逆にノードが大きい方が早く進むが, 見落としの可能性が増えるという特徴があるため, 適切なノードサイズに区切ることが重要である.

　HAZOP の実施形態はチームによるブレインストーミング形式となる. 議長役をファシリテーターと呼び, 議論の議事録を記録する係をスクライブと呼ぶ. チームメンバーはファシリテーター, スクライブ以外に, 当該設備のプロセスエンジニア, 運転員, 制御エンジニア, およびプロセス安全エンジニアで形成される. その他議論すべき内容に応じて必要な専門家をチームに適宜招集する. HAZOP での議論の結果は表 2.10 に示す HAZOP ワークシートに記載する. 後日チームメンバー以外が記録を見てもどのような議論が行われていたかわかるようにできるだけ詳細に記載することが重要である.

2　複合システムへの安全技術

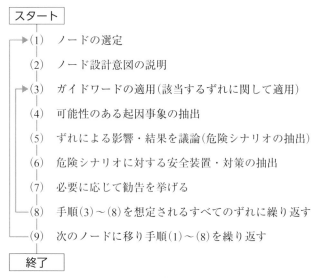

図 2.14　HAZOP スタディ手順フローチャート

表 2.10　HAZOP ワークシート例

| ガイドワード | 起因事象 | 結　果 | 安全装置・対策 | 勧　告 |
|---|---|---|---|---|
| 流れなし | 調整弁 xxx 故障閉 | 気層閉塞による圧力容器の圧力超過，破損，可燃性物質の漏洩，火災，爆発 | 安全弁 xxx | 安全弁サイズが気層閉塞時の必要吹出し量を想定しているか確認すること |
| 流れ増 | 調整弁 xxx 故障開 | 液位コントロールの喪失，液の全量払い出し，ガスの吹抜けによる下流容器の圧力超過，破損，可燃性物質の漏洩，火災，爆発 | 安全弁 xxx | 安全弁サイズが気層閉塞時の必要吹出し量を想定しているか確認すること |
|  |  |  |  |  |
|  |  |  |  |  |

### 2.8.3 バッチプロセス HAZOP

同じ HAZOP 手順を適用することになるが，バッチ式プロセスに対しての HAZOP を実施する際にはいくつか注意が必要となる．具体的には反応釜での バッチ反応プロセスのようにバッチ反応のレシピを対象とし，レシピに示されて いる操作や制御における正常からの "ずれ" を想定して検討を行うため，P & ID 以外にも操作手順書のほか反応プロセスの安全性検討結果データなども重要なイ ンプットとなる．ノードの区切り方に関しても，操作手順をベースに区切ってい く（使われず縁切りされている界面を明確にする）ことが重要となる．

ガイドワードに関しても Early，Late のような操作手順に関したものを追加す る必要がある．表 2.11 にバッチプロセス HAZOP のガイドワード例を示す．

表 2.11 バッチプロセス HAZOP スタディで想定されるずれ

| パラメータ | ガイドワード | | | | | | | | |
|---|---|---|---|---|---|---|---|---|---|
| | No | More | Less | Reverse | Part of | As well as | Where else | Early/ Late | Other/ Other than |
| 量（quantity） | ✓ | ✓ | ✓ | | ✓ | | | | |
| 流れ（flow） | ✓ | ✓ | ✓ | ✓ | | | ✓ | | |
| 温度（temperature） | | ✓ | ✓ | | | | | | |
| 圧力（pressure） | | ✓ | ✓ | | | | | | |
| 反応（reaction） | ✓ | ✓ | ✓ | ✓ | ✓ | ✓ | | | |
| かくはん（mix） | ✓ | | ✓ | ✓ | | | | | |
| ステップ（step） | ✓ | | | | | | | ✓ | |
| 制御（control） | ✓ | | | | | ✓ | | | ✓ |
| 組成（composition） | | | | | ✓ | ✓ | | | |
| 運転員の操作（operator action） | ✓ | | | | | ✓ | | ✓ | ✓ |

### 2.8.4 SIL

SIL とは safety integrity level の頭文字をとり略した名称であり，安全計装シス テム（SIS）の必要な安全レベルを規定するために設定される指標のことで，国際

表 2.12 SIL クラス

| SIL | $PFD_{Avg}$ (probability of failure on demand)：デマンドモード | $PFH$ (average frequency of dangerous failure per hour)：連続モード |
|---|---|---|
| 4 | $\geqq 10^{-5} \sim < 10^{-4}$ | $\geqq 10^{-9} \sim < 10^{-8}$ |
| 3 | $\geqq 10^{-4} \sim < 10^{-3}$ | $\geqq 10^{-8} \sim < 10^{-7}$ |
| 2 | $\geqq 10^{-3} \sim < 10^{-2}$ | $\geqq 10^{-7} \sim < 10^{-6}$ |
| 1 | $\geqq 10^{-2} \sim < 10^{-1}$ | $\geqq 10^{-6} \sim < 10^{-5}$ |
| a | 特別な計装設備による削減要求はなし（ただしリスク削減ファクター 10 は必要） | |
| — | 要求なし | |

規格 IEC 61508（2010）/61511（2017）で導入された概念である．機能安全（functional safety）とも呼ばれ，一つの安全設計カテゴリーとして確立されている．国際規格 IEC 自体は SIS の設計および操業管理に特化したものであるが，そのコンセプトは多重防護系に必要なリスク削減幅を割り振り決定するというリスクベースプロセス安全の考えそのものとなっている．

SIL は 1〜4 のクラスで表現され，SIL の数字が大きくなる方が大きなリスク削減が必要なことを示している．それぞれの SIL クラスに必要な失敗確率が設定されているが SIL クラスが大きくなるほど達成すべき失敗確率が小さくなる（表 2.12）．

IEC では SIL を操業管理に展開するために，HAZOP などの手法で危険源を同定した後にリスクを評価し，必要な SIL を割り振ることが必要になる．この過程を SIL の分類（SIL classification）と呼ぶ．

基本的な SIL 分類の手順は，想定事故の影響度と発生頻度からオリジナルリスクを評価し，リスク削減に適用できる独立防護層（ここでは SIS 以外）の決定とリスク削減幅の同定，リスク削減目標に対してリスク削減が十分かの確認，そしてもしリスク削減が不十分である場合はその不足分を SIS に対する SIL として設定する，という流れになる．

この SIL 分類手順の流れは同じであるが，その詳細手順としてはいくつかの手法が存在しており，以下の 3 種類が最もよく使われている．

- **リスクグラフ**：事故影響度をイベントツリー解析（ETA）で評価し，事故発生頻度を 3 段階のマトリックスから SIL クラスを決定する手法（図 2.15）．

2.8 HIRA 35

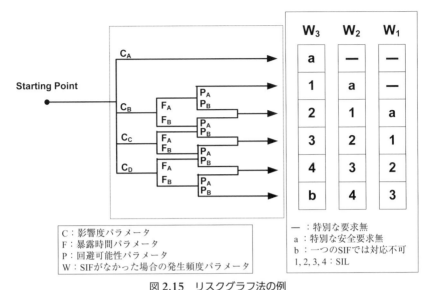

図 2.15 リスクグラフ法の例
[Intenational Electrotechnical Commission (IEC), 2017c]

- **リスクマトリックス**：事故影響度，事故頻度ともにリスクマトリックスから選択し SIL クラスを決定する手法（表 2.13）．
- **LOPA**（layer of protection analysis）：事故影響度ごとに達成すべき目標削減頻度を設定したうえで，事故発生頻度を推定し，事故を防ぐ多重防護層それぞれの失敗確率を評価することで，目標削減頻度を下回ることができるかどうかを定量的に評価する手法（表 2.14）．目標削減頻度に不足分の削減幅（必要失敗確率）を SIL として割り振ることになる．

SIL クラスを決定したのち，実際に SIS がその必要な SIL（すなわち設定された失敗確率）を達成することができるかどうか信頼性計算を行い検証する必要がある．信頼性評価の詳細は 2.8.6 項で解説するが，ここでは SIL の検証で使用される計算式を表 2.15 に示す．SIS の信頼性は，各構成要素の過去統計などからの故障頻度 $\lambda$，機能試験頻度 $T$，冗長性構成（voting），および冗長性をとる際には $\beta$ ファクター（共通故障事象割合）で決定される．表 2.15 の式と前述のパラメータから各コンポーネントの故障確率を算出したうえで，すべてのコンポーネントの合計値が SIS の平均故障確率 $PFD_{Avg}$ となる．平均故障率が必要 SIL を満

## 2　複合システムへの安全技術

表 2.13　リスクマトリックス法の例

| | | | 発生頻度 [/年] | | | | |
|---|---|---|---|---|---|---|---|
| | | | 頻繁に発生 | ときどき発生 | まれに発生 | ごくまれに発生 | ほとんど発生しない |
| | | | $>10^{-1}$ | $10^{-1}\sim10^{-2}$ | $10^{-2}\sim10^{-3}$ | $10^{-3}\sim10^{-4}$ | $<10^{-4}$ |
| 事故影響度 | 過酷 | 大規模な人命損失<br>大規模な環境影響<br>大規模な資産の損失 | 4 | 3 | 2 | 1 | a |
| | 重大 | 数名の人命損失<br>環境への多大な影響<br>資産の大きな損失 | 3 | 2 | 1 | a | — |
| | 相当 | 1名の人命損失<br>環境への中程度の影響<br>資産の中程度の損失 | 2 | 1 | a | — | — |
| | 限定的 | 1名の重傷者または数名の軽傷者<br>環境への軽微な影響<br>資産の軽微な損失 | 1 | a | | | |
| | ごくわずか | 軽傷者1名<br>環境への影響が非常に軽微<br>資産の損失が非常に少ない | a | | | | |

注）4, 3, 2, 1, a：SIL

たすように冗長性を増すか，機能試験頻度を上げるなどの対応を行う必要がある．なお，冗長性の表現では MooN（M out of N）という表現が使われることが多い．これは例えば1oo2の場合，2個のうち一つでも正常であればシステムとして正常に動くように組まれた冗長性を表現している．詳細は 2.8.6 項にて解説する．

　ここで計算される SIS の失敗確率は，危険な状態になったときに SIS が機能通りの動作を失敗する故障のことを示している．失敗確率を低減させるためには，機器が故障状態になった際に，危険側ではなく安全側の動作をするようにあらかじめ故障時の動作を決めておくことができる．ここでいう安全側の故障とは，プロセスは正常状態であるにもかかわらず SIS が誤って作動してしまうことをいう．SIS が誤って作動するとプロセス設備は停止せざるを得なくなるため，化学プラントの稼働率を引き下げるという望ましくない側面が出てくる．安全側の故障（誤報）をできるだけ減らすためにも表 2.16 に示す安全側故障に対する

表 2.14 LOPA 法の例

| No. | 1 事故シナリオ概要 | 2 事故重大度 (E, S, M) | 3 起因事象 | 4 起因事象頻度 [/年] | 防護層 | | | | | 10 中間事象発生頻度 [/年] | 11 SIF の失敗確率 | 12 削減後事象発生頻度 [/年] | 13 ノート |
| | | | | | 5 プロセス設計全般 | 6 BPCS | 7 アラームなど | 8 影響削減層 | 9 独立防護層、防液堤、安全弁など | | | | |
|---|---|---|---|---|---|---|---|---|---|---|---|---|---|
| 1 | 蒸留塔破損からの火災 | S | 冷却水の喪失 | 0.1 | | 0.1 | 0.1 | 0.1 | 0.01 (安全弁) | $10^{-6}$ | $10^{-2}$ | $10^{-8}$ | 圧力超過による破裂 |
| 2 | 蒸留塔破損からの火災 | S | スチーム（熱媒）のコントロール不全 | 0.1 | | 0.1 | 0.1 | | 0.01 (安全弁) | $10^{-5}$ | $10^{-2}$ | $10^{-7}$ | 圧力超過による破裂 |
| 3 | — | | | | | | | | | | | | |
| 4 | — | | | | | | | | | | | | |
| $N$ | | | | | | | | | | | | | |

注) 事故重大度 E：甚大な (extensive)、S：深刻な (serious)、M：軽微な (minor)、BPCS (basic process control system)
頻度表記は [/年]、防護層および SIF の数値は動作が必要な際に失敗する確率
[Intenational Electrotechnical Commission (IEC), 2017c を一部変更]

表 2.15 PFD 簡易計算式

| 冗長性<br>(voting) | ISA 式 | IEC 式 |
|---|---|---|
| 1oo1 | $PFD_{Avg} = \left(\lambda_{DU} \times \dfrac{T}{2}\right) + \left(\lambda_D^F \times \dfrac{T}{2}\right)$ | $PFD_{Avg} = (\lambda_{DU} + \lambda_{DD})t_{CE}$ <br><br> $t_{CE} = \dfrac{\lambda_{DU}}{\lambda_D}\left(\dfrac{T}{2} + MTTR\right) + \dfrac{\lambda_{DD}}{\lambda_D}\,MTTR$ |
| 1oo2 | $PFD_{Avg}$ <br> $= \left[(\lambda_{DU})^2 \times \dfrac{T^2}{3}\right] + (\lambda_{DU} \times \lambda_{DD} \times MTTR \times T) + \left(\lambda_D^F \times \dfrac{T}{2}\right)$ | $PFD_{Avg}$ <br> $= 2\left[(1-\beta_D)\lambda_{DD} + (1-\beta)\lambda_{DU}\right]^2 t_{CE}t_{GE} + \beta_D\lambda_{DD}MTTR + \beta\lambda_{DU}\left(\dfrac{T}{2} + MTTR\right)$ <br><br> $t_{GE} = \dfrac{\lambda_{DU}}{\lambda_D}\left(\dfrac{T}{3} + MTTR\right) + \dfrac{\lambda_{DD}}{\lambda_D}\,MTTR$ |
| 2oo2 | $PFD_{Avg} = (\lambda_{DU} \times T) + (\beta \times \lambda_{DU} \times T) + \left(\lambda_D^F \times \dfrac{T}{2}\right)$ | $PFD_{Avg} = 2\lambda_D t_{CE}$ |
| 2oo3 | $PFD_{Avg}$ <br> $= \left[(\lambda_{DU})^2 \times T^2\right] + (3\lambda_{DU} \times \lambda_{DD} \times MTTR \times T) + (\beta \times \lambda_{DU} \times T)$ <br> $\quad + \left(\lambda_D^F \times \dfrac{T}{2}\right)$ | $PFD_{Avg}$ <br> $= 6\left[(1-\beta_D)\lambda_{DD} + (1-\beta)\lambda_{DU}\right]^2 t_{CE}t_{GE} + \beta_D\lambda_{DD}MTTR + \beta\lambda_{DU}\left(\dfrac{T}{2} + MTTR\right)$ |

[IEC, 2000 : ISA, 2002]

表 2.16　冗長性の危険側故障と安全側故障に対する効果

| 冗長性 | 危険側故障に対するロバスト性 | 安全側故障に対するロバスト性 |
|---|---|---|
| 1oo1 | × | × |
| 1oo2　(or 1oo$N$) | ○ | × |
| 2oo2 | × | ○ |
| 2oo3 | ○ | ○ |
| 2oo4　(or 2oo$N$) | ○ | ○ |

ロバスト性をもつ冗長性をもたせることが有効である．表 2.16 に示す通り，危険側と安全側故障双方に有効な冗長性の組み方は 2oo3 以上ということになる．そのような事情もあり，化学プラントの緊急遮断設備のセンサー端には 2oo3 の冗長性が使われることが多い．

## 2.8.5　事故影響評価

　事故影響評価とは，プロセスプラントでの事故を想定し火災・爆発などの影響を推算する手法のことである．個別の評価対象としては，漏洩量，ガス拡散範囲，火災や爆発の影響範囲の推定などが挙げられる．基本的に，事故の影響度は火災や爆発などの事故の影響範囲に寄与する可燃性物質の量，すなわち漏洩量に支配される．漏洩量は漏洩箇所の孔の大きさ，プロセス運転圧力，内容量などによって決まってくる．

　ここではガス漏洩の場合の漏洩量推算式を例示する．

　ガスの漏洩　[TNO, 2005c]

$$q_s = C_d \times A_h \times \psi \times \sqrt{\rho_0 \times P_0 \times \gamma \times [2/(\gamma+1)]^{(\gamma+1)/(\gamma-1)}}$$

　臨界流判定：$P_0/P_a \geq [(\gamma+1)/2]^{\gamma/(\gamma-1)}$

　臨界と判断された場合：$\psi^2 = 1$：流出係数 [－]

　亜臨界と判断された場合：$\psi^2 = 2/(\gamma-1) \times [(\gamma+1)/2]^{(\gamma+1)/(\gamma-1)} \times (P_a/P_0)^{2/\gamma}$
$$\times [1-(P_a/P_0)^{(\gamma-1)/\gamma}]$$

　$\gamma = C_p/C_v$：ポワソン比

　$q_s$：質量流量 [kg/s]

　$C_d$：流量係数 [－]

　$A_h$：流出部断面積 [m$^2$]

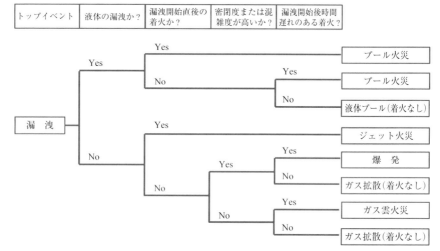

図 2.16 可燃物の漏洩後の一般的な事故分岐（イベントツリーアナリシス）

$P_a$：大気圧
$\rho_0$：初期ガス密度[kg/m$^3$]
$P_0$：初期ガス圧力[N/m$^2$]
$C_p$：定圧比熱[J/(kg·K)]
$C_v$：定積比熱[J/(kg·K)]

漏洩発生後，漏洩時の物質の状態（液体か気体か）や着火のタイミングなどにより，生じる事故種別が変ってくる．想定される事故種別を推測するためにイベントツリーアナリシス（ETA）という手法が用いられる．一般的な事故種別を表現したETAを図2.16に示す．ETAで示される通り，化学プラントで発生する代表的な事故種別は以下となる．

- プール火災
- ジェット火災
- ガス雲火災（フラッシュ火災）
- 爆発
- ガス拡散（可燃性ガス・有毒ガス）

またETAには載っていないが，一次火災や爆発により液化石油ガス（LPG）など高圧下で液化された可燃性物質を扱っている容器が二次被害を生じるBLEVE（boiling liquid expanding vapor explosion）という事故種別もある．

火災からの影響評価は，漏洩サイズから火炎形状を以下の式で推定したのち，燃料となっている物質および火炎から放出される輻射熱エネルギーを推定する．

## プール火災火炎長

プール火炎長 ［TNO, 2005c］

$$L/D = 55 \times \{ m'' / [\rho_{air} \times (g \times D)^{1/2}] \}^{0.67} \times (u^*)^{-0.21}$$

$L$：平均火炎高さ[m]

$D$：プール径[m]

$\rho_{air}$：空気密度[kg/m$^3$]

$m''$：大気条件下でのバーニングレート（燃焼率）[kg/(m$^2 \cdot$s)]

$u^*$：無次元化風速[－]

## ジェット火災火炎長

ジェット火炎長 ［TNO, 2005c］

$$L_{b0} = Y \times D_s$$

$$C_a \times Y^{5/3} + C_b \times Y^{2/3} - C_c = 0$$

$L_{b0}$：火炎長[m]

$Y$：無次元変数[－]

$D_s$：有効孔径[m]

亜臨界：$D_s = [4 \times m' (\pi \times \rho_{air} \times u_j)]^{1/2}$

臨　界：$D_s = d_j \times (\rho_j / \rho_{air})^{1/2}$

$m'$：質量流量[kg/s]

$\rho_{air}$：空気密度[kg/m$^3$]

$\rho_j$：ジェット内のガス密度[kg/m$^3$]

$u_j$：ジェット流速[m/s]

$d_j$：流出口でのジェット径[m]

## 爆　発

爆発による影響範囲の推定にはいくつかの手法がある．有名な手法としては以下が挙げられる．

- TNT 等量法
- multi-energy モデル（MEM）
- Baker-Strehlow モデル

TNT 等量法は最も実験データが豊富な TNT 爆薬の実験データから，ガス爆発に寄与する物質ごとに TNT 爆薬に換算すると何パーセントの寄与率をもつかを

42　2　複合システムへの安全技術

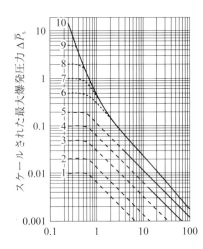

燃焼エネルギーによりスケールされた距離 $\overline{R}$

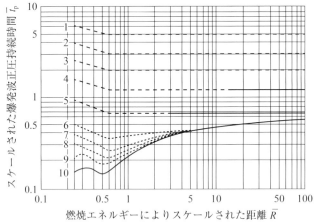

燃焼エネルギーによりスケールされた距離 $\overline{R}$

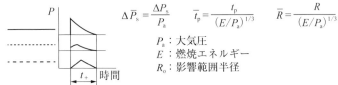

$$\Delta \overline{P}_s = \frac{\Delta P_s}{P_a} \qquad \overline{t}_p = \frac{t_p}{(E/P_a)^{1/3}} \qquad \overline{R} = \frac{R}{(E/P_a)^{1/3}}$$

$P_a$：大気圧
$E$：燃焼エネルギー
$R_0$：影響範囲半径

**図 2.17　MEM 法の爆風圧減衰カーブ**
［TNO, 2005c］

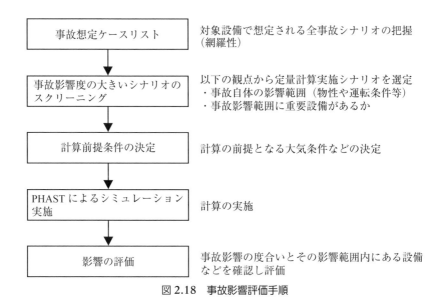

図 2.18　事故影響評価手順

設定した推定モデルである．multi-energy モデル（MEM）はガス爆発（爆燃）が火炎伝播面の乱流度合いによるという理論から，火炎伝播面を乱流化させるプラント設備の混雑度を表現した実験で得られた 1～10 の爆風圧減衰カーブをもとに推定するモデルである．Baker-Strehlow モデルも MEM と類似のモデルであるが，乱流を発生させる状況を混雑度と密閉度の二つのパラメータで表現するとともに，ガス爆発の燃料物質の燃焼エネルギーと合わせて，実験で得られた爆風圧減衰カーブから適切なものを選定して爆発影響を推定するモデルである．図 2.17 に MEM の爆風圧減衰カーブを示す．

　事故影響評価では，個別の事故の影響範囲を推定することも重要だが，まず化学プラントで想定される漏洩事故（物質，相，運転条件などで分類）と想定される事故種別を網羅し，その中で影響が大きいと考えられるもの（影響距離が大きい，人が常駐する建屋，安全装置などとの距離が近いもの）をスクリーニングし，リスクが大きいと考えられるものの事故影響を想定しておくことが緊急時対応計画などに有効である．このような総合的な事故影響評価を実施する際には，化学プラントの PFD（process flow diagram）と敷地配置図から，想定事故ケースを網羅的に抽出し，影響が大きいものをスクリーニングしたうえで優先的に事故影響評価計算を行っていく（図 2.18）．

## 44　2　複合システムへの安全技術

　事故影響の計算には上述の推算式を用いる方法もあるが，昨今は事故影響をシミュレートできるソフトウェアも充実しており，ソフトウェアを用いて計算されることの方が多い（DNV 社 PHAST，GEXCON 社 FLACS など）．

### 2.8.6　信頼性評価技術

　信頼性評価技術は，確率・統計学をベースとした信頼性工学に基づきシステムの信頼性向上を図るための評価技術のことをいう．信頼性工学の範囲および信頼性解析手法を図 2.19 に示した．

　化学プラントで扱う機器の信頼性評価は，機器の偶発的な故障を対象としている．機器ライフタイム中の故障分布（故障率）はバスタブカーブ（図 2.20）として知られているが，故障率が一定となる偶発故障期は指数分布で近似できる．この近似に基づけば任意の運転時間 $t$ における故障確率を予測することができる．故障発生頻度が指数分布に近似できるとしたときの信頼性関数を図 2.21 に示す．

**機器の信頼性**

$$信頼性関数：R(t) = \mathrm{e}^{-\lambda t}$$

　$\lambda$：故障率（$= 1/MTTF$）

　$t$：運転時間

**機器の故障確率**

$$故障確率：PFD(t) = 1 - \mathrm{e}^{-\lambda t}$$

　上述の式を用いれば，各コンポーネントの信頼性もしくは故障確率を推定することができる．一方でシステムは複数のコンポーネントにより構築されているため，システム全体の構成を解析し，システム全体の信頼性もしくは故障確率を推定することが次に必要となる．

　全体構成を評価する手法としてはフォルトツリーアナリシス（FTA：fault tree analysis）とリライアビリティブロックダイアグラム（RBD：reliability block diagram）が代表的である．

- FTA：トップイベントから AND, OR ゲートを用いてトップイベントを導くベーシックイベントまで分解する手法
- RBD：システム構成を直列（非冗長系）と並列（冗長系）により表現する手法

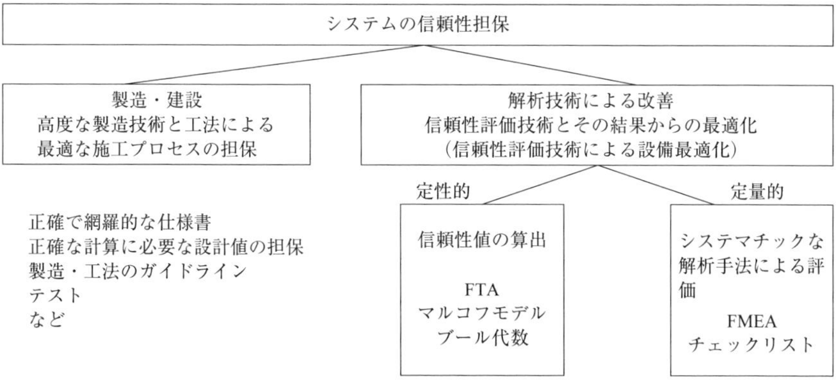

2.8 HIRA 45

```
                    ┌─────────────────────────┐
                    │   システムの信頼性担保   │
                    └─────────────────────────┘
                       │                    │
        ┌──────────────┴──┐       ┌─────────┴─────────────┐
        │ 製造・建設       │       │ 解析技術による改善     │
        │ 高度な製造技術と │       │ 信頼性評価技術とその   │
        │ 工法による      │       │ 結果からの最適化       │
        │ 最適な施工      │       │ （信頼性評価技術による │
        │ プロセスの担保   │       │  設備最適化）         │
        └─────────────────┘       └───────────────────────┘
                                     │              │
                                   定性的          定量的
                                ┌────────┐    ┌──────────┐
                                │信頼性値 │    │システマ   │
                                │の算出   │    │チックな   │
                                │        │    │解析手法に │
                                │ FTA    │    │よる評価   │
                                │マルコフ │    │          │
                                │モデル   │    │ FMEA     │
                                │ブール   │    │チェック   │
                                │代数     │    │リスト     │
                                └────────┘    └──────────┘
```

正確で網羅的な仕様書
正確な計算に必要な設計値の担保
製造・工法のガイドライン
テスト
など

**図 2.19　信頼性評価手法の分類**
［Bertsche, 2008］

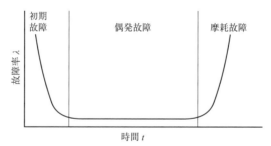

**図 2.20　故障発生頻度の時間変化を示すバスタブカーブ**

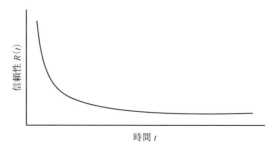

**図 2.21　信頼性関数**

## FTA

FTA はトップイベントからそれを導くサブコンポーネントを順次分解していく過程をツリー形状で表現した手法である．分解をしていく過程で，サブコンポーネントが同時に生じた際，もしくはサブコンポーネントのうち一つでも事象が生じたときに上位の事象を生じるなどの条件を論理ゲートと呼ばれるゲートで表現する（表 2.17）．FTA の例を図 2.22 に示す．FTA の手順は以下の通りとなる．

1. トップイベントを決定する（解析したい対象のどのような事象かを定義）
2. トップイベントを発生させるサブイベントに分解し，サブイベントからトップイベントを発生させる条件（論理和か論理積かなど）からゲートを選定する．
3. サブイベントごとにさらに分解を行っていき，それ以上分解できないベーシックイベントになるまで分解を続け FTA のツリーを完成させる．
4. 構築したツリーのベーシックイベントごとに，イベントの発生確率を計算するためのパラメータを入力する（故障確率の計算の場合は，故障頻度と運転時間など）．

表 2.17　FTA で使用されるシンボル

| シンボル | 名　称 | 説　明 | 補　足 |
|---|---|---|---|
|  | トップ事象 トップイベント | 事象の説明を記載するシンボル |  |
|  | 基本事象 ベーシックイベント | それ以上分解できない基本事象を示すシンボル |  |
|  | 論理和ゲート OR ゲート | インプットイベントのうち一つでも生じた際にアウトプットイベントが発生するゲート |  |
|  | 論理積ゲート AND ゲート | すべてのインプットイベントが発生した際にアウトプットイベントが発生するゲート |  |
|  | 多数決ゲート ボーティングゲート (KooN) | インプットイベントのうち $m$ 個のイベントが発生した際にアウトプットが発生するゲート | $m = n - k + 1$ |
|  | 条件つきイベント コンディショナルイベント | このイベントの発生が他のイベントを発生させるための条件となっているもの |  |

5. 手計算の場合はブール代数を用いて FTA をできるだけ簡略化したのち，信頼線関数からトップイベントの発生確率を求める．
5′. ソフトウェアを用いて計算する場合は，ソフトウェアの計算を実行しトップイベントの発生確率を求める．

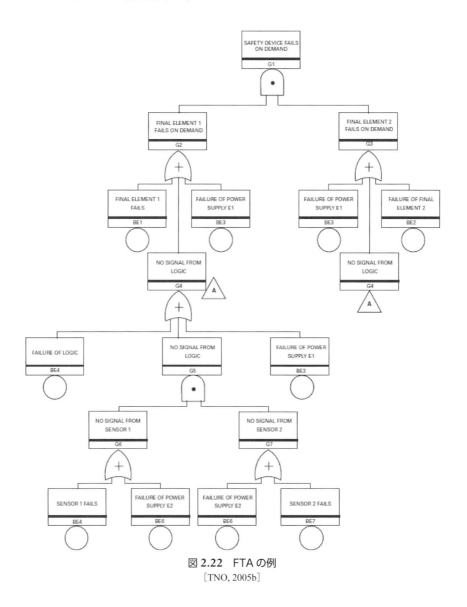

図 2.22 FTA の例
[TNO, 2005b]

## RBD

　FTA と同様にシステム全体の信頼性を評価するための手法である．機器やコンポーネントの構成をブロックの並び方で表現する．冗長性がないシステムを直列の並びで，冗長性のあるシステムを並列の並びで表現する．図 2.23 に RBD のイメージを示す．信号が左から右に向かって流れる際にブロックが故障していると信号の流れが止まることになるため，それによりシステムが故障したと判断できる．この際，直列の並びであるとどれか一つでも故障すると信号の流れが止まるが，並列の場合はどれか一つでもブロックが正常であれば信号の流れを維持することができる．

　RBD の並列系は FTA の AND ゲートと，直列系は OR ゲートと同じことを表現している．システムの信頼性を評価する際には，この冗長性の有無の評価が重要になる．冗長系と非冗長系のシステムの信頼性（もしくは故障確率）は表 2.18 に示す数式で計算することができる．

　実際の設備は冗長系と非冗長系が複雑に組み合わされた構成となっているが，これを FTA や RBD で全体構成を把握したうえで，各機器・コンポーネントの信頼性（もしくは故障確率）を算出したのちシステム全体の信頼性（もしくは故障確率）を算出するという手順になる．

## 共通故障事象

　システムは冗長化することで信頼性を向上させることができるが，その際に注意しなければいけないのが共通故障事象である．まったく同じ機器を使っている場合，同じ故障モードを内在している可能性があること，または同じ環境で使用

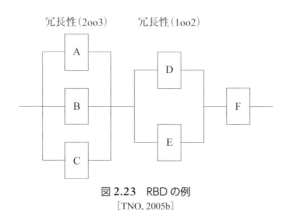

図 2.23　RBD の例
［TNO, 2005b］

表2.18 FTAとRBDの冗長性・非冗長性の表現および数式

| 系 統 | FTA ゲート | RBD 構成 | 数 式 | ロジック |
|---|---|---|---|---|
| 冗長系 | AND ゲート | 並列<br>$A_1, A_2, \ldots, A_m$ | 故障確率 $= \prod_{i=1}^{m}[1-R(A_i)]$ | すべてのベーシックイベントが生じた場合にシステムフェイル |
| 非冗長系 | OR ゲート | 直列<br>$A_1 - A_2 - \cdots - A_m$ | 故障確率 $= 1 - \prod_{i=1}^{m} R(A_i)$ | 一つ以上のベーシックイベントが生じた場合にシステムフェイル |

している場合，環境要因により同じタイミングで故障を生じてしまう可能性を考慮する必要がある．これを共通故障事象（CCF：common cause failure）と呼ぶ．AとBというコンポーネントで冗長系（1oo2）を構成した場合をベン図（図2.24）で表現する．まったく共通故障事象の要因がない場合は，AとBは完全独立なはずであるが，共通故障事象の可能性のある場合はAの故障確率とBの故障確率の一部が重なっている．この重なり部分が共通故障事象となる．

共通故障事象の割合の推定方法としては$\beta$ファクター法が用いられることが多い．これは単一コンポーネントの故障確率のうち単体故障確率の数％を全体の故障確率として上乗せする手法である．$\beta$ファクターの決定には製造時の条

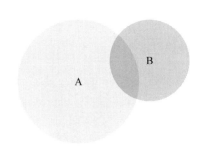

図2.24 ベン図

50    2 複合システムへの安全技術

件・使用条件などを評価して決定するが，おおよそ数％～10％の間で決定されることが多い.

**故障率**

　信頼性評価には過去の故障発生頻度を統計処理した故障率 $\lambda$ を使用する．故障を発生させる故障モードは安全側故障か危険側故障と，検知可能か検知不可能か，で以下の四つに大別することができる.

- $\lambda_{SD}$：安全側の検知可能故障率（safe detected failure rate）
- $\lambda_{SU}$：安全側の検知不可故障率（safe undetected failure rate）
- $\lambda_{DD}$：危険側の検知可能故障率（dangerous detected failure rate）
- $\lambda_{DU}$：危険側の検知不可故障率（dangerous undetected failure rate）

　化学プラントのプロセス安全評価で重要になる危険な事象になったときに起動してほしい安全設備の信頼性評価の場合は，危険側故障かつ定期検査などで確認ができない検知不可の故障モード $\lambda_{DU}$ が対象となる.

**SIL 検証用の簡易式導出**

　表 2.15 で SIL 検証用の簡易式を紹介しているが，この簡易式もここで紹介した信頼性式をもとにしている．指数関数に近似できるとした故障発生確率を $T$ 時間経過時に故障する確率式の $0～T$ 時間までの積分値として計算したものである．ただし，この際に指数関数の積分をマクローリン展開を用いて算出する際に，故障率 $\lambda$ が十分に小さいという条件のもと第 3 項以降を無視することで導出しているため，SIS のコンポーネントのように故障頻度が非常に小さい場合にしかこの条件が成り立たないことになるため，使用対象に関しては注意が必要である.

$$PFD(t) = 1 - R(t)$$

$$R(t) = \mathrm{e}^{-\lambda t}$$

$$PFD_{Avg} = \frac{1}{T}\int_0^T PFD(t)\,\mathrm{d}t = \frac{1}{T}\int_0^T (1 - \mathrm{e}^{-\lambda t})\,\mathrm{d}t = \frac{\lambda T}{2}$$

$$\mathrm{e}^{-\lambda t} = 1 - \lambda t + \frac{\lambda^2 t^2}{2} - \frac{\lambda^3 t^3}{6} \qquad （マクローリン展開）$$

## 2.8.7　定量的リスク評価

　定量的リスク評価（QRA：quantitative risk assessment）は，前述の事故影響評

価に事故の発生頻度の評価を合わせて化学プラントのもつリスクをリスクマップといわれるリスク等高線図に表現する手法である．定量的リスク評価の手順は以下のようになる．

1. 遮断区画の定義（事故時に遮断弁などで内容量を区切れる区画）
2. 遮断区画ごとに事故ケースを定義（物質，運転条件などから設定）
3. パーツカウント（区画ごとに漏洩が発生する可能性のあるパーツ（バルブ，フランジ，配管など）を数える）
4. 遮断区画ごとの漏洩頻度の推定（パーツカウントの結果と過去の漏洩頻度を統計データから算出）
5. 大気条件（年間風向風速データ）の整理
6. 事故ケースごと，大気条件ごとに事故影響評価を実施
7. 事故種別ごとに影響度（輻射熱や爆風圧など）から人の致死率に換算する基準であるハームクライテリアを設定
8. 敷地配置図の各地点で致死頻度を積算
9. リスクマップを作成

リスクマップの例を図 2.25 に示す．リスクマップに示されているリスクはその場所に 24 時間・365 日存在し続けた場合に受けるリスクで，場所に依存するリスク（LSR：location specific risk）と呼ばれるものである．

一方で実際には人は日中と夜間で，もしくは日中も業務パターンにより場所を移動するものである．こうした人固有の行動パターンを加味して，特定の人が受けるリスクを算出することができる．これを人固有のリスク（IR：individual risk）と呼ぶ．

ただし IR だけでは，人が大勢いる場合の事故と人がほとんどいない場合での事故の差というような，事故時の人口分布の概念を評価できない．そこで事故発生時の人口分布も加味し，事故の頻度に対して何名の死者が出たかという頻度-死傷者数のグラフでリスクを評価をする指標も用意されており，これを社会的リスク（SR：societal risk）と呼ぶ（図 2.26）．

英国など，リスク値を安全法規のしきい値とするリスクベース安全法規を用いている国々では，基本的に IR と SR それぞれにしきい値を設け，これを満足するように化学プラントをもつ事業者に指導している．

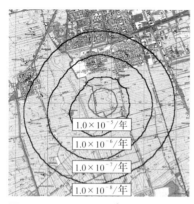

図 2.25　QRA アウトプットイメージ
（リスクマップ）
[TNO, 2005a]

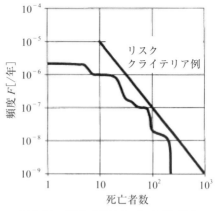

図 2.26　QRA のアウトプット例 (SR)
[TNO, 2005a]

### 2.8.8　火災爆発リスク評価

火災爆発リスク評価（FERA：fire and explosion risk assessment）は QRA と同じ手順で実施されるが，結果を人の死傷者数に換算せず，火災の輻射熱，爆発の爆風圧，可燃性ガスの濃度，有毒ガスの濃度などの広がりとしてマップ上に表現する手法である．QRA と同時に実施されることが多い．

事故影響の広がりを発生頻度とともにマップ上に等高線図として表現できるので，例えば耐えられるべき頻度クライテリアを決めたうえで耐火仕様の適用範囲を決定したり，敷地配置上のある点に存在する人が常駐する建屋に対する設計耐爆強度を，図 2.27 に示す累積頻度グラフを用いて決定することができる．

累積頻度グラフは，例えば 10,000 年に一度の大爆発（0.0001/年）でも耐えられるようにするという機能要求を設定した場合，その頻度で発生する爆風圧を読み取るのに適したデータ形式となっている．

### 2.8.9　緊急設備脆弱性評価

緊急設備脆弱性評価（ESSA：emergency system survivability analysis）は，セーフティクリティカルエレメント（SCE：safety critical element）と呼ばれる緊急設備/重要安全設備に対して QRA や FERA で評価された種々の事故シナリオに対して機能性を保てるか，すなわち生存性（survivability）を評価するものである．

ESSA の実施手順を図 2.28 に示す．SCE を構成要素（機器・コンポーネント）

2.8 HIRA

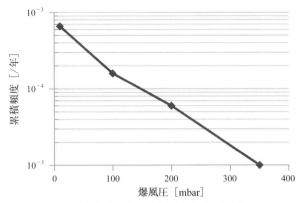

図 2.27 対象物が受ける想定爆風圧の累積頻度グラフ

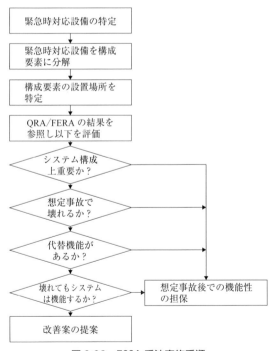

図 2.28 ESSA 手法実施手順

に分解したのち，それぞれについて以下の指標にて評価を行う．この際，機器・コンポーネントが敷地配置上どこにあるのかによって事故の影響度合いが変わるので，物理的配置が重要な考慮点となる．

- 重要度（criticality）：事故後も機能する必要があるか？
- 脆弱性（vulnerability）：その場所で対象機器・コンポーネントが損傷するか？
- 冗長性（redundancy）：スペアはあるか？ その位置は？
- フェールセーフ（fail-safe）：壊れてもシステムとして安全側になるか？

## 2.8.10 避難・退避・レスキュー評価

避難・退避・レスキュー評価（EERA：escape, evacuation and rescue analysis）は，QRA や FERA での結果をもとに，化学プラント設備で人が存在する可能性のあるエリアから安全な退避先（事前に設定された避難所）まで無事に避難できるかを評価するものである．

化学プラントの危険性度合い（リスク）にもよるが，事故の発生時などの緊急時に従業員が避難する避難ポイント（マスターポイント）をあらかじめ決めておくことが重要である．この際避難ポイントは，想定される事故の影響を受けない場所（もしくはシェルターなど防護機能があること），避難した従業員の数に十分な広さがあること，その他の避難ポイントなどとの通信手段があることが必要になる．

この避難ポイントまで移動する際にかかる所要時間と，QRA や FERA で想定されるさまざまな事故発生により避難路が通れなくなる場合にも二次避難路および二次避難ポイントがあるか確認することが重要である（図 2.29）．

さらに避難完了後も状況が改善しない場合はプラントから退避するというオプションも必要である．そのため，化学プラントからの退避ポイント（洋上プラントの場合は避難用手段）に関しても確認することが必要である．

## 2.8.11 火災輻射熱による圧力容器の構造影響解析

火災輻射熱による圧力容器の構造影響解析は，FLRA（fire load response analysis）と呼ばれるもので，LPG など圧力下で液化された石油ガスを保持する圧力容器が火災により引き起こす二次被害（BLEVE）発生の可能性を検証することを目的としている．

LPG などの圧力容器が火災熱荷重を受けた際に圧力容器の機械的強度が熱により減少するのと同時に，LPG は入熱エネルギーにより気化し続けるため，内

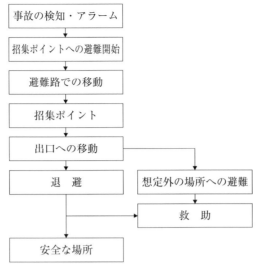

図 2.29　EERA 手法実施手順

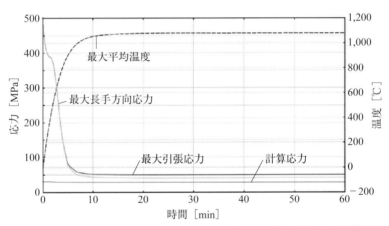

図 2.30　VessFire による圧力容器の火災による内圧上昇対応力低下の評価結果例

圧は上昇をし続けることとなる．機械的な強度が内圧上昇に耐えられなくなる点に達するまでどの程度の時間があるかを専用の構造影響評価シミュレータ（VessFire など）を用いてシミュレーションする（図 2.30）．

　圧力容器の材質，火災の種類（ジェット火災，プール火災）や規模により入熱条件は変わるため，計算のための諸条件を想定するところからスタートする．許

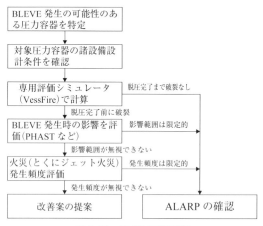

図 2.31　FLRA 実施手順

容時間は通常，緊急脱圧設備の設計クライテリアとされている 15 分として，15 分以内に破裂する可能性があるものに関しては，BLEVE 発生時の影響評価と BLEVE を発生させる可能性のある火災発生源を詳細に評価する発生頻度評価などを実施し，設備改善をするべきか ALARP と判断できるか検討する．実施手順を図 2.31 に示す．

### 2.8.12　フレアシステム容量超過解析

化学プラントのプロセス安全設計においては，設計基準とする事故を単一事象もしくはユーティリティシステム自体が不調となるような共通故障事象（CCF）と考えるのが通例であった．これは複数事象の同時発生の偶発的な確率が十分に小さくなるという仮定に基づいている．

一方で例えば原子力発電所のように事故時の影響が広く社会に及ぶような業界においては，設計基準とはしないものの，非常に発生確率が小さい事象でも設計基準を超える事象としてその影響を評価するためのシミュレーションを行い，できる限りの対応がとれるような配慮を行っている．

化学プラントにおいても，圧力超過防護設計規格の国際規格 API STD 521 の 2014 年版からは，ユーザーは事故影響が非常に大きい場合，単一事象だけでなく複数同時事象に関しても評価することの必要性についても言及するようになっている．つまり原子力業界で行っているように，結果（事故の重大度）が非常に

2.8 HIRA

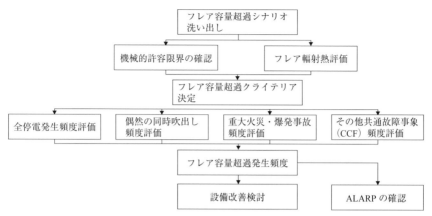

図 2.32　フレアシステム容量超過解析実施手順

大きいシナリオに関してはその発生確率および影響評価を求められるトレンドが出始めている．

とくにフレアシステムはプラント設備の最終防護と考えられる．通常設計基準として単一事象（もしくはユーティリティの CCF）を想定しているが，想定した設計容量を超えた場合どのような影響があるか，またその発生確率はどの程度なのか検討することが必要となることもある．この検討を行うための手法を，フレアシステム容量超過解析（flare overloading study）と呼ぶ．

フレアシステムに流れ込む安全弁からの吹出し（圧力超過）の原因となる事象が偶然同時に生じる確率，もしくはユーティリティシステムが停止する共通故障事象の確率を評価することでフレア容量を超過する確率を評価する．図 2.32 に示す手順に従って評価を実施する．

### 2.8.13　ハザード/リスク管理台帳

危険源の同定とリスクアセスメント手法を用いて化学プラントに内在する種々の想定事故シナリオを網羅的に抽出しリスクを評価することができるが，このリスク情報をプラントライフサイクルの中でうまく活用するために作成するのがハザード/リスク管理台帳（hazard/risk register）である．

第 4 章 4.7 節で安全管理側面におけるライフサイクル概念の重要さについて解説するが，ここでは技術的観点でその重要性を解説する．

2.2 節の図 2.6 に IEC 61511 に示されるライフサイクル概念とそれにリスクマ

## 2 複合システムへの安全技術

**図 2.33** プラントライフサイクルにおけるプロセス安全管理への要件定義の流れ

ネジメントプロセスの関係性を示した．このライフサイクルの中で"危険源の同定とリスク解析（HIRA）"と"操業におけるリスク管理"をつなげるためには，操業時に使いやすい形の台帳に情報を集約することが重要である．これは図 2.33 に示す③に当たる部分になる．

リスクベース安全管理を行っている海外の石油ガスプラントでは，ハザード管理台帳（hazard register）と呼ばれる形式が使われることが多い（図 2.34）．これは HAZID や QRA などの手法を用いて抽出した化学プラントの事故シナリオを，漏洩源・物質ごとに大くくりにボウタイ形式に整理したものを台帳としてまとめたものである．

ハザード管理台帳の作成手順は以下のような形となる．

1. HAZID で危険源の同定を行う．
2. QRA でリスクの評価を行う．
3. HAZID で抽出した事故シナリオを漏洩場所・漏洩物質ごとにグルーピングする．
4. グルーピングした漏洩場所・漏洩物質ごとに原因事象と事故種別を列記する．
5. 原因事象から漏洩を防止する防護層と，漏洩後事故拡大を防ぐ防護層それぞれを列記する．
6. 事故種別ごとにオリジナルリスクと防護層による削減後リスクを記載する．

ハザード管理台帳形式は，敷地配置上の漏洩箇所と漏洩物質をもとにグルーピングを行うことが通例であるため，漏洩を引き起こす起因事象が大くくりに分類

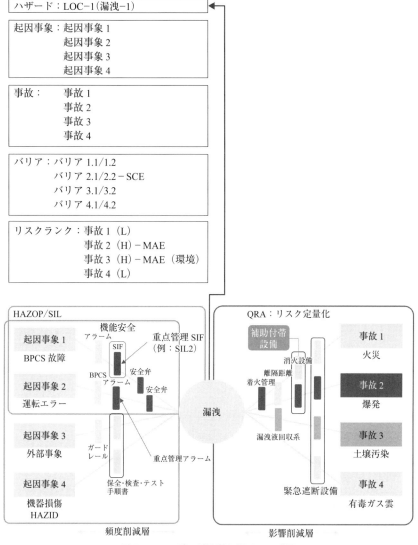

図 2.34 ハザード管理台帳イメージ図

されやすい（プロセス制御の故障や，運転員の操作エラーなど）．このため操業での安全管理に展開する際の情報として，やや具体性に欠けるものとなる傾向がある．

これに対して英国の原子力業界で使用されているフォルトスケジュールという

表 2.19 フォルトスケジュールテンプレート例

| 危機番号 | フォルト ID | フォルトシナリオ | 起因事象 | | | | 着火確率 | 安全装置・対策なしての影響 | 事故影響削減のための安全設備・対策（防液堤など初期事故影響度評価に加味してもよい） | | | 事故発生頻度削減のための安全設備・対策（アラーム，SIS，設備・対策（安全弁など） | | | 残存リスク[/年] |
| --- | --- | --- | --- | --- | --- | --- | --- | --- | --- | --- | --- | --- | --- | --- | --- |
| | | | 起因事象グループ | 起因事象 | 起因事象頻度[/年] | 時間比率（time at risk） | | | 設備番号 | 影響効果による削減後の影響 | 変動的安全設備への機能要求 | 頻度削減安全装置 | 頻度削減設備による削減後の頻度 | 頻度削減設備への機能要求 | |
| | | | | | | | | | | | | | | | |
| | | | | | | | | | | | | | | | |
| | | | | | | | | | | | | | | | |
| | | | | | | | | | | | | | | | |
| | | | | | | | | | | | | | | | |
| | | | | | | | | | | | | | | | |

ハザード/リスク管理台帳形式は，HAZOP のように P & ID レベルの詳細度をもとに危険源の同定を行った情報をもとに，機器ごとに想定される事故種類（フォルト）にグルーピングして台帳化する（表 2.19）．

フォルトスケジュールの作成手順は以下の通りとなる．
1. HAZOP で危険源の同定を行う．
2. LOPA などでリスクの評価を行う．
3. HAZOP で抽出した事故シナリオを機器からの漏洩事故を引き起こす起因事象種別（気相出口閉塞，液相出口閉塞など）ごとにグルーピングする．
4. グルーピングした起因事象種別ごとに起因事象（および想定発生頻度）と事故種別を列記する．
5. 原因事象から漏洩を防止する防護層と，漏洩後事故拡大を防ぐ防護層とリスク削減値（失敗確率）を列記する．
6. 事故種別ごとにオリジナルリスクと防護層による削減後リスクを記載する．

フォルトスケジュールは"リスク"の構造を図 2.35 に示すデータ構造に従って詳細に書き下したものである．この形式の利点は，漏洩事故を引き起こす原因事象やその事故進展を防ぐための安全装置が具体的にどの個体であるかまで台帳管理できることである．結果として，操業における安全管理を具体的に設定することができるようになる．反面，台帳に記載される情報量が非常に大きくなるため，デジタルツールを採用するなどデータ管理の効率化も同時に考えることが有効である．

### 2.8.14 機能要求管理台帳

ハザード管理台帳には化学プラントで想定されるすべてのハザードが登録されることになるが，その中でもリスクが高い想定事故を重大事故（major accident）と呼び，重大事故を引き起こす要因と事故に対する防護層をセーフティクリティ

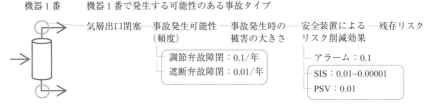

図 2.35　フォルトスケジュールにおけるデータ構造

カルエレメント（SCE）と呼び管理上の優先度を高める.

セーフティクリティカルエレメント（SCE）の抽出手順は以下の通りとなる.

1. リスクアセスメントを使用した重大事故の特定
2. 重大事故を引き起こす，もしくは重大事故を防止，検知，制御，軽減，救助，あるいは復旧をサポートする構造物と設備を特定
3. 規制・規則（英国の場合 PFEER（火災・爆発防止および緊急時対応規則））で指定された設備の特定
4. 特定されたものを SCE として記録

すべての SCE に機能要求（performance standard）を設定する必要がある．機能要求として最低限以下の項目を網羅することが必要となる.

- 機能性（functionality）：何ができるか？
- 稼働率（availability）：どの程度の時間稼働している必要があるか？（年間稼働率）
- 信頼性（reliability）：必要が生じたときどの程度の成功確率で起動すべきか？
- 生存性（survivability）：事故後に果たすべき機能はあるか？
- 相互作用（interaction）：動作するために他のシステムが機能する必要があるか？

この SCE ごとの機能要求をまとめたものを機能要求管理台帳と呼ぶ．機能要求管理台帳の一種だが，SIS の機能要求に特化したもののことを安全要求仕様書（safety requirement specification：SRS）と呼び独立して整備することもある．SRS に記載すべき機能要求はさらに細かい内容が含まれることが多いが，以下の内容を最低限含むことが推奨されている.

- 求められる機能を果たすための安全計装システムの構成，構成要素
- 求められる機能が果たすべき安全な状態
- 必要なテストインターバルを達成するのに必要な冗長性（スペアの必要性）
- 手動シャットダウンを設計に考慮する必要があるか？
- 安全計装システム起動後のリスタートに関する要求
- 誤報によるトリップ頻度に対する目標頻度値
- 安全計装システムの運転員とのインターフェースに関する要求
- 他のプロセス指標からのオーバーライド要求，メンテナンス時のバイパス機能要求など

- 考えられる故障モードとそれに対する安全計装システムの反応（安全側に起動，起動させないなど）
- 安全計装システム全体構成やハードウェアからの規制
- 可能性のある共通故障事象
- プロセスセーフティタイム

前述のフォルトスケジュールは，想定事故シナリオの記録粒度が細かいため，ハザード管理台帳よりもとくに事故頻度を低減する防護層に対して SRS に近い粒度の機能要求を設定することができる．SIS は機能要求管理と同様に，アラームはアラームマネジメントの重要度分類や運転員の訓練，安全弁の起動試験頻度管理など個別の対象への管理優先度設定など詳細な操業上の安全管理要求に展開できる（図 2.36）．この安全管理要求が，プロセス安全技術面からの PSM への要件定義と位置づけられるため，この管理台帳を整備することは PSM を導入する際には必須である．

## 2.8.15 フォーマルセーフティアセスメント

HIRA としてさまざまな手法を紹介してきたが，洋上プラットフォームなどのリスクの高い設備近傍で従業員が常時滞在する必要のある設備では，最終的に洋上プラットフォームから退避できることを証明するところまで行って初めて ALARP と判断することができるようになる．

この一連の ALARP 証明のために，図 2.37 に示す一連のスタディを行うことになる．これら一連の流れをフォーマルセーフティアセスメント（formal safety assessment：FSA）と呼ぶ．これらは危険源の同定，リスクアセスメント，リスク削減策の立案，ALARP の証明というリスクマネジメントプロセスを複数の手法を組み合わせて実施するものである（表 2.20）．

近年では陸上プラントでもフォーマルセーフティアセスメント形式で複数の手法を組み合わせて ALARP を証明することが増えてきているが，それぞれのプラント設備の特徴に応じて適切な手法を選定し組み合わせてフォーマルセーフティアセスメントを構成することが重要である．

## 2.8.16 ALARP の証明

リスクマネジメントプロセスにおけるリスクアセスメント後の重要なステップが，ALARP であることを証明することである（図 2.38）．

## 安全評価(HAZOP/LOPA)

ノード

| ガイドワード | 原　因 | 結　果 | セーフガード |
|---|---|---|---|
| | PV-xxx | シナリオデスクリプション | |
| | | | PSV-xxx |
| | LV | | アラーム |

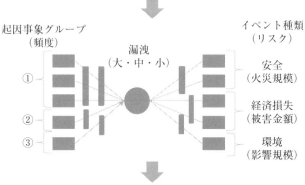

## ハザード管理台帳必要要件と管理台帳形式

| 管理台帳必要要件 | ハザード管理台帳<br>(海外石油・ガス) | フォルトスケジュール<br>(英国・欧州原子力) |
|---|---|---|
| ハザードグループ化 | 漏洩種別(LOC)ごと | 起因事象グループごと |
| 事故位置情報(レイアウト) | プロセスユニットごと | 機器・部屋ごと |
| 事故シナリオ情報 | 想定事故概要<br>起因事象<br><br>漏洩後の事故種別<br>事故影響度<br>事故発生頻度<br>オリジナルリスク<br>安全装置<br><br><br>削減後リスク | 想定事故概要<br>起因事象<br>起因事象発生頻度<br>漏洩後の事故種別<br>事故影響度(計算結果)<br><br>オリジナルリスク<br>独立防護層(影響削減)<br>影響度削減後リスク<br>独立防護層(頻度削減)<br>頻度削減後リスク |
| 管理情報 | SCE/ECEなど | SSCごと |
| 機能要求 | 別紙にて管理<br>(SRS, パフォーマンススタンダード) | 別紙にて管理<br>(SSCごとの要求仕様書) |

注) SSC：structures, systems and components

**図 2.36　ハザード管理台帳で定義すべき管理要件**
[ストラトジック PSM 研究会, 2022]

## 2.8 HIRA

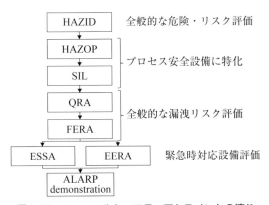

図2.37 フォーマルセーフティアセスメントの流れ

表2.20 フォーマルセーフティアセスメントの各スタディの役割

| カテゴリー | スタディ | 役割 |
|---|---|---|
| 危険源の同定 | HAZID | 全般的な危険源の同定 |
| | HAZOP | プロセス安全設備に特化 |
| リスクアセスメント | SIL | プロセス安全設備に特化 |
| | QRA (quantitative risk assessment) | 全般的な漏洩リスク評価 |
| | FERA (fire and explosion risk assessment) | 全般的な漏洩リスクによる火災・爆発影響評価 |
| | ESSA (emergency system survivability analysis) | 緊急時対応設備の評価 |
| | EERA (escape, evacuation and rescue analysis) | 避難路・避難手段の評価 |
| ALARP 証明 | ALARP demonstration | ALARP の証明 |
| その他 | HIPS study | プロセス安全設備に特化 |
| | FLRA (fire load response analysis) | LPG 圧力容器の BLEVE 発生可能性評価 |
| | flare overloading study | フレアシステムが設計限界を超えた際の評価 |
| | SIMOPS study | 近接したエリアでの運転と工事など同時作業によるリスク評価 |

QRAであればIRが算出されるため,プラントのIRが図2.39に示すリスクのキャロットダイアグラムのどこに位置するか判定することができる.またHAZOP/LOPAなどのシナリオごと評価や定性的評価を実施した場合は表2.21に示すようなリスクマトリックスをもとに判定を行うことができる.ALARPの証明手順は以下の通りとなる.

1. リスクを評価しどのリスク領域に入っているか確認する("許容できないリスク"の場合は設備設計からやり直し.また"無視できるレベルのリスク"の場合はここで終了).
2. 適正なリスク範囲(ALARP領域)に入っている場合は,業界のグッドプ

図 2.38　リスクマネジメントプロセスと ALARP 判断要素

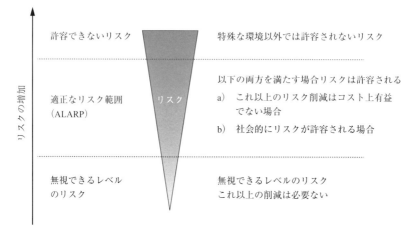

図 2.39　ALARP コンセプト

ラクティス，過去事例などからほかに可能性がある，さらなるリスク削減代替策を列挙する．この際には図2.40に示すボウタイ（bowtie）と呼ばれる化学プラントで考慮している想定事故シナリオとその防護層を詳細に示したダイアグラムを作成してビジュアル化することで，業界で一般的に行われている防護層が抜けていないかなど評価するとわかりやすい．

3. 現状のリスク削減策と，列記したリスク削減代替策に関して，UKOOA（UK Offshore Operators Assosiation）のリスクベース意思決定サポートスキームである図2.41を参考に，判断の難易度に合わせて，順番に規格類の推奨内容，グッドプラクティス，通常の設計プラクティス，リスク解析による差，コストベネフィットによる差，社会的価値観と評価を行い，どのオプションがALARPかを判断する．

表2.21 リスクマトリックス例

| | | | 発生頻度［/年］ | | | | |
|---|---|---|---|---|---|---|---|
| | | | 頻繁に<br>発生 | ときどき<br>発生 | まれに<br>発生 | ごくまれに<br>発生 | ほとんど<br>発生しない |
| | | | $>10^{-1}$ | $10^{-1}\sim10^{-2}$ | $10^{-2}\sim10^{-3}$ | $10^{-3}\sim10^{-4}$ | $<10^{-4}$ |
| 事故影響度 | 過酷 | 大規模な人命損失<br>大規模な環境影響<br>大規模な資産の損失 | A | A | A | B | B |
| | 重大 | 数名の人命損失<br>環境への多大な影響<br>資産の大きな損失 | A | A | B | B | C |
| | 相当 | 1名の人命損失<br>環境への中程度の影響<br>資産の中程度の損失 | A | B | B | C | C |
| | 限定的 | 1名の重傷者または数名の<br>軽傷者<br>環境への軽微な影響<br>資産の軽微な損失 | B | B | C | C | C |
| | ごくわずか | 軽傷者1名<br>環境への影響が非常に軽微<br>資産の損失が非常に少ない | B | C | C | C | C |

A：許容できないリスク（追加の対策や設計変更が必要）
B：適切な対策があれば許容できるリスク（追加の対策や設計変更の必要の有無を検討）
C：許容できるリスク

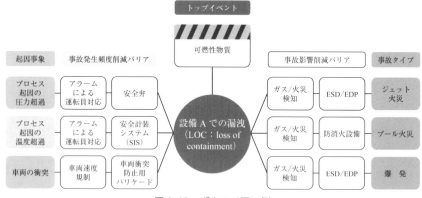

図 2.40　ボウタイ図の例

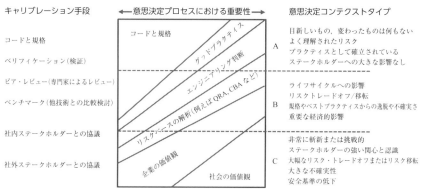

図 2.41　リスクベースでの意思決定フレームワーク
[UK Offshore Operators Association (UKOOA), 1999]

4. 現状のリスク削減策が ALARP という判断の場合はここで終了.
5. 代替案の方が ALARP であるという判断の場合は，代替案に変更するよう長期・短期プランを設定する.

ALARP 判定で必要となる"業界のグッドプラクティス"が具体的にどのようなものになるかについて米国の連邦法規 29CFR（OSHA）119.110 では，RAGAGEP（recognized and generally accepted good engineering practice）というコンセプトを用いて説明している．業界のよい慣行に関しては法令要求でなくても当然取り入れることが必要とされており，国際規格やガイドラインなどがこれに当たる．RAGAGEP に当たるものとして以下があると述べられている．

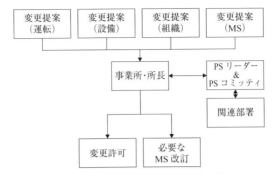

図 2.42　変更管理意思決定フロー例

- 広く採用されている規定類
- コンセンサス文書や非合意文書（出版物など）
- 国際規格

　一連の ALARP 判定の内容は ALARP 管理台帳もしくは ALARP ログに記録を残すことで透明性を確保することも必要である．

　ALARP 判定は，HAZOP や LOPA 実施後の高リスク項目や変更管理に適宜必要となるため，図 2.42 に示すような変更管理手順に ALARP 判定会議を組み込むなど，制度設計上の工夫も重要となる．

　ALARP の判定を行う際，コストベネフィット分析を行う場合がある．その場合の基準として，"死亡事故を回避するための暗黙のコスト（ICAF：implied cost of averting a fatality）"を算出して評価することがある．ICAF は以下の式で算出することができる．潜在的人命損失リスク（PLL：potential loss of life）は QRA にてリスク削減策で削減できる IR の合計値として算出できる．PLL は年間平均値として算出されるため，プラントの残存運転期間（年）と掛け合わせたうえで，リスク削減策に必要なコストを割り返すことで ICAF が得られる．ICAF の妥当性（ALARP としていえるか否か）の基準としては，例えば英国洋上プラント業界では £6,000,000 が例示されている．ICAF がこの金額を超えないのであれば，評価対象のリスク削減策を導入する価値があると判断されることになる．

$$\text{死亡事故を回避するための暗黙のコスト(ICAF)} = \frac{\text{リスク削減策に必要なコスト}}{\text{プラント設備の残存運転期間(年)} \times \text{潜在的人命損失リスク(PLL)削減}}$$

## 2.8.17 ヒューマンファクター (HF)

ここまで危険源の同定とリスク解析 (HIRA) 技術について解説をしてきたが，化学プラントでハザードを引き起こす根本原因として，また事故を防ぐうえで，運転員の対応すなわち人間の影響は無視できない．

そもそも人間は曖昧性を許容できるというポジティブな能力をもっている．一方でこの曖昧さを許容できる認知能力は，さまざまな失敗（エラー）を起こす可能性も含む．図 2.43 に示す通り，人間の失敗は意図した行動に起因する失敗（バイオレーション）と，意図しない行動だが失敗してしまうエラーに大別できる．さらにエラーは，何かをしようとしたときにその意図自体が間違っているミステイク，すべきことを忘れてしまうラプス，意図した行動は正しいが行った動作が間違っているスリップとに大別できる．

バイオレーションの防止やエラーをしないような手順の整備・訓練などは安全管理の重要なテーマとなる．一方で，設備設計観点でヒューマンファクター (HF) を十分考慮に入れることでエラー発生の低減につなげることができる．

こうした設備設計への HF の積極的取込みをヒューマンファクターインテグレーションと呼び，図 2.44 に示すようにプラントライフサイクルに沿って順次

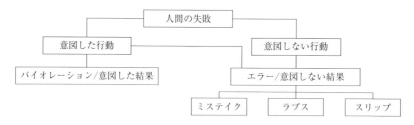

| カテゴリー | タイプ | 説　明 |
|---|---|---|
| 意図した行動 | バイオレーション | ルールや手順書から逸脱した作業を意図的に行うこと |
| 意図しない行動 | ミステイク | 人が意図して何かをしようとしたとき，そのこと自体が間違っていること<br>ルールベース：過去の経験などに基づき間違った方法を選択する（例：メンテナンスクルーが間違ったプラント遮断手順をとる）<br>知識ベース：知識を信じこんでしまう（例：スリーマイル島事故の際，運転員は通常閉まっているあるバルブが閉まっていると思い込み事故の拡大を招いてしまった） |
|  | ラプス | するべきことを忘れることによるエラー |
|  | スリップ | 意図した動作は正しいが，実際に行った動作が間違っている場合 |

図 2.43　人間の失敗の分類

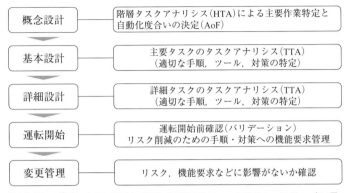

**図 2.44** プラントライフサイクルにおけるヒューマンファクターインテグレーション

HF に関連するアクティビティを実施していく必要がある．おおよそ以下のような流れで HF の取込みを行うことになる．

1. 最初に化学プラントで必要となる操作・作業を網羅的に把握する．そのために適した手法として階層タスクアナリシス（HTA：hierarchical task analysis）がある．図 2.45 に例を示す．
2. 次に HTA で抽出した必要運転・作業手順に対して，操作・手順の重要さ，複雑さ，危険性，自動化技術の汎用度および自動化による不具合など多様な観点から評価し，妥当な自動化度合いを決定する．この手法のことを AoF（allocation of function）と呼ぶ．
3. 次の安全上重要な操作項目（SCT：safety critical task）を抽出する．SCT とは，人間的な要因が重大な事故を引き起こす，またはその影響を軽減するアクションをとることができない場合，またはその一因となる可能性のあるタスクのことである．一般的に次のような業務が挙げられる．
    - 運用業務
    - 予防と検出
    - 制御と緩和
    - 緊急時の対応
4. SCT に対しては手順書を準備し表形式タスクアナリシス（TTA：tabular task analysis）を実施する．
5. エラー防止のため必要な設備設計考慮を行う．

72　　2　複合システムへの安全技術

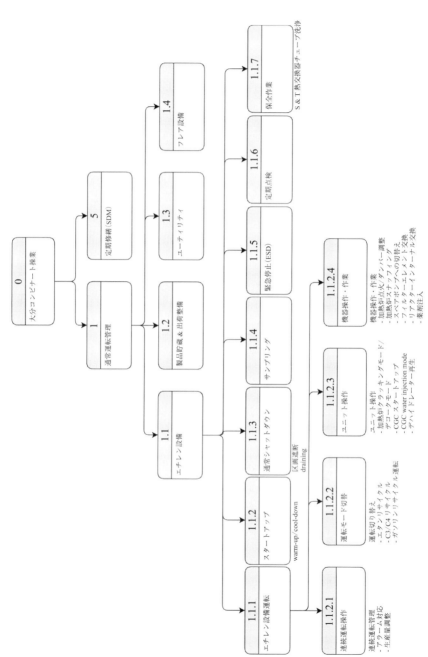

図 2.45　HTA (階層タスクアナリシス) 例

なお，SCT のスクリーニングは以下の観点で行う．

- どのタスクがセーフティクリティカルであるかを決定する．
- 分析のための SCT の優先順位づけ
- 人間の行動や不作為が，故障の可能性を高めたり，故障を深刻化させたりすることを理解する．
- 人為的な失敗の可能性または結果を低減するために，これらの SCT に対して適切な保護層を特定し，設置する方法をユーザーに指導する．

TTA の実施手順は以下の通りとなる．

1. 対象となるタスクを同定する．
2. タスクを理解する（手順書だけでなく，作業に携わる人へのインタビューなども適宜実施）．
3. 手順書の作業ステップをタスク，サブタスクに分解して整理する（図解するとわかりやすい）．
4. タスクサブタスクごとに以下を議論する．
   - ヒューマンエラーとパフォーマンスに影響する要素（PIF）を同定する（表 2.23 を参考にするとよい）．
   - ヒューマンエラーのリスクをコントロールする安全対策を決定する（図 2.45，表 2.24 参照）．
   - 必要に応じて勧告事項を挙げる．

TTA の結果は表 2.22 に示す TTA ワークシートに記録する．TTA 実施時には表 2.23 の作業手順に潜むエラータイプ，および表 2.24 のエラータイプごとに有効な改善策を参照するとよい．

TTA を実施する際には，手順書を準備するだけでなく P & ID などの系統図を作業ステップごとにバルブ操作による開閉などを含めて図示したうえで実施することが望ましい．図 2.46 にサンプリング系統図の例を示す．系統図のみでは実際の手順がわかりにくいため，図 2.47 にサンプリング手順のステップごとにバルブの開閉ポジションとともに図示し整理したものを示す（黒塗りがバルブ閉）．ステップとバルブの開閉がわかると，エラー発生時の影響を具体的に議論しやすくなる．

日本国内では TTA の代わりに手順 HAZOP を行って代替されることもある．手順 HAZOP のガイドワードを表 2.25 に，ワークシート例を表 2.26 に示す．

表2.22 TTA（表形式タスクアナリシス）ワークシート例

| タスク番号 | タスク概略 | サブタスク | 担当者および人数 | 場所および環境 | 使用するツール | 可能性のあるヒューマンエラー | パフォーマンスに影響する要因（PIF） | 影響・結果 | 手順に含まれる安全対策、およびリカバリー対応 | 考えられる追加対策（頻度削減およびリカバリー措置） | 考えられる追加対策（影響度削減） | リコメンデーション |
|---|---|---|---|---|---|---|---|---|---|---|---|---|
| 1 | | 1.1 | | | | | | | | | | |
| | | 1.2 | | | | | | | | | | |
| | | 1.3 | | | | | | | | | | |
| 2 | | | | | | | | | | | | |

表 2.23 手順に潜むヒューマンエラー例

| カテゴリー | ヒューマンエラー |
|---|---|
| 行動におけるエラー | 操作時間の長すぎ/短すぎ |
| | 操作のタイミングの誤り |
| | 間違った方向への操作 |
| | 操作量の少なすぎ/多すぎ |
| | 動作の速すぎ/遅すぎ |
| | ミスアラインメント（ずれ） |
| | 誤った対象への正しい操作 |
| | 正しい対象への誤った操作 |
| | 操作の省略 |
| | 操作の未完了 |
| | 操作手順の早すぎ/遅すぎ |
| 確認時のエラー | 確認の省略 |
| | 不完全な確認 |
| | 誤った対象への正しい確認 |
| | 正しい対象への誤った確認 |
| | 確認タイミングの早すぎ/遅すぎ |
| 情報検索エラー | 必要な情報の入手ができない |
| | 間違った情報の入手 |
| | 不完全な情報検索 |
| | 情報の誤った解釈 |
| 情報伝達エラー | 情報の未伝達 |
| | 誤った情報の伝達 |
| | 情報伝達の不備（不完全） |
| | 不明瞭な情報伝達 |
| 選択エラー | 選択漏れ |
| | 誤った選択 |
| 計画エラー | 計画の省略 |
| | プランの誤り |
| 違反（バイオレーション） | 意図的な行動 |

［Energy Institute, 2020］

表 2.24　エラータイプごとに有効な改善策

| 安全対策の改善方法 | スリップ | ラプス | ミステイク | 不履行（バイオレーション） |
|---|---|---|---|---|
| コントロール/ディスプレイデザイン | ○ | ○ | ○ | ○ |
| 設備/ツールデザイン | ○ | | | |
| 記憶補助 | | ○ | | |
| トレーニング | | | ○ | ○ |
| 作業自体のデザイン | ○ | ○ | | |
| 手順書 | △ | ○ | ○ | ○ |
| 監督 | △ | △ | ○ | ○ |
| 注意力散漫の解消 | ○ | ○ | ○ | ○ |
| 作業環境 | ○ | ○ | ○ | ○ |
| コミュニケーション | △ | △ | ○ | ○ |
| 意思決定支援 | | | ○ | |
| 行動安全プログラム | | | ○ | ○ |

[Energy Institute, 2020]

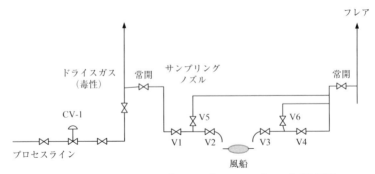

図 2.46　有毒物質を含むガスサービスのサンプリング系統図例
［高圧ガス保安協会, 2016 をもとに筆者らが作成］

2.8 HIRA 77

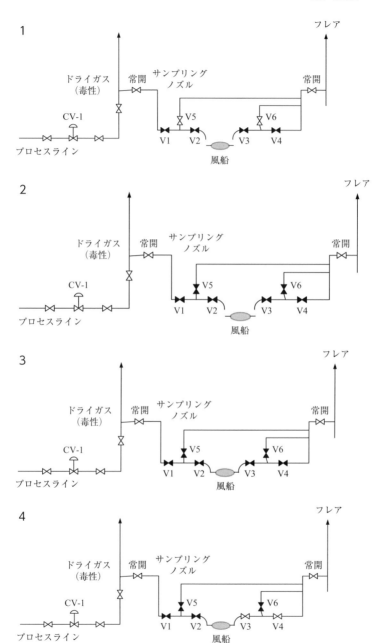

図 2.47 サンプリング操作手順ステップ説明図例（1〜4）
［高圧ガス保安協会, 2016 をもとに筆者らが作成］

78    2 複合システムへの安全技術

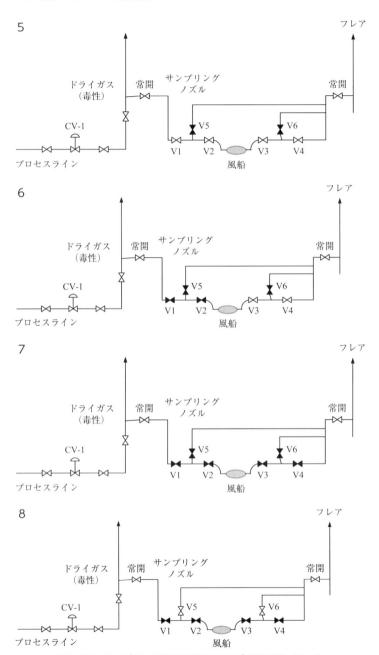

図 2.47　サンプリング操作手順ステップ説明図例（5〜8）
［高圧ガス保安協会, 2016 をもとに筆者らが作成］

## 2.8 HIRA

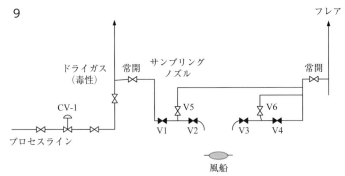

**図 2.47** サンプリング操作手順ステップ説明図例（9）
［高圧ガス保安協会, 2016 をもとに筆者らが作成］

**図 2.25** 手順 HAZOP ガイドワード

| 操作/パラメータ | ガイドワード | | ずれ |
|---|---|---|---|
| 操作・アクション | No | なし | 操作・アクションなし |
| | Less/Part of | 過小/不十分 | 不十分な操作・アクション |
| | More/As well as | 過大/過剰 | 過剰な操作・アクション |
| | Reverse | 逆 | 逆の操作・アクション |
| | Other than | 別/その他 | 別の操作・アクション |
| 計器指示 | No | なし | 指示・表示せず |
| | Less/Part of | 過小 | （正常より）過少指示・表示 |
| | More/As well as | 過大 | （正常より）過大指示・表示 |
| 操作のタイミング | Sooner than | 早い/早すぎ | 操作のタイミングが早い |
| | Later than | 遅い/遅すぎ | 操作のタイミングが遅い |
| 操作の速度 | Sooner than | 速い/速すぎ | 操作速度が速い/速すぎ |
| | Later than | 遅い/遅すぎ | 操作速度が遅い/遅すぎ |
| 操作時間 | Longer than | 長い/長すぎ | 操作時間が長い/長すぎ |
| | Shorter than | 短い/短すぎ | 操作時間が短い/短すぎ |

［高圧ガス保安協会, 2016］

表2.26 手順HAZOPワークシート例

| ノードNo. | ステップ | 操作内容 | アクションパラメータ | ガイドワード | ずれ | ずれの原因 | 影響・結果 | SOE | 現状の対策 |
|---|---|---|---|---|---|---|---|---|---|
| 1 | 1.1 | ドライガス中には1%前後の硫化水素が存在するためサンプル採取時は硫化水素用防毒マスクを着用 | 防毒マスク着用 | なし / 不十分 | 確認せず / 不十分な着用 | 忘れ / 省略行為 | 漏洩が生じた際の硫化水素の被曝 / 漏洩が生じた際の硫化水素の被曝 | | 作業許可申請時のPPE指示徹底 |
| | 1.2 | V5およびV6弁開を確認しダブルブロック弁間にドライガスがトラップされていないことを確認 | ダブルブロック間のトラップガスを確認 | なし / 不十分 | 確認せず / 不十分な確認 | 忘れ / 省略行為 | サンプリング開始時のトラップガスによる硫化水素被曝 | | 携帯硫化水素検知器 |
| | 1.3 | トラップガスがないこと(V5,V6の開)を確認後、V5およびV6を閉止する | V5,V6閉止 | なし / 不十分 | 閉止忘れ | 忘れ | サンプリング開始時のドライガスの不用意なフラッシング | | ? |
| | 1.4 | サンプリングノズルにネオプレンゴム風船の一方の口を差込み、もう一方の口をフレア行きラインのノズルに差込む | 風船の差し込み | なし / 不十分 | 不十分な接続 | 省略行為 | サンプリング開始時の接続部からの漏洩による硫化水素被曝 | | |
| | 1.5 | 風船のスクリューユニオンを緩め、フレア行きV3,V4弁を開放。サンプリングV1,V2弁を少し開け、風船がふくらむくらいはV1,V2弁を閉止し、風船内のガスを手でフレアライン側へパージする | V1,V2,V3,V4開放 | 逆行 | V3,V4バルブの前にV1,V2の開放 | 手順間違い | 風船でのドライガスの閉塞.接続部から漏洩・被曝の可能性 | | |
| | 1.6 | 風船のスクリューユニオンを閉め、サンプリングV1,V2弁を閉める。フレア行きV3,V4弁も閉める | V1,V2,V3,V4閉止 | 逆行 | V1,V2閉止前の風船取り外し | 手順間違い | ドライガス漏洩による硫化水素被曝 | | キーインターロック |
| | 1.7 | V5およびV6弁を開とし、ダブルブロック弁間にドライガスがトラップされない状況にした後、風船を取り外す | V5,V6開 | なし / 不十分 | V5,V6開忘れ | 忘れ | バルブのシール漏洩があった場合ダブルブロックを通過しての漏洩の可能性 | | |

# 3

# 設備種別からみた安全技術

　第2章では化学プラントにおけるプロセス安全分野のリスクベース安全技術について解説してきた．しかし近年，海外においては化学プラント以外の一般産業分野においてもリスクベース管理が主流になってきている．産業分野によって危険源は違うものの，リスクベース安全技術の根本は同じであること，また化学プラントといっても後述する機械安全や労働安全分野の対応も必要であるため，本章では広く一般産業分野で必要となる安全技術に関して解説する．

## 3.1　安全分野

　業種別観点での代表的な安全分野は表3.1のようにまとめられる．大分類として化学プラントを中心としたプロセス安全，製造業などの化学プロセスを含まない工場に対する一般産業安全，そして原子力，自動車や鉄道のように業界固有の安全分野に分類するとわかりやすい．一般産業安全分野には，代表的なものとして機械安全，火災安全，労働安全を挙げているが，これらは化学プラントであろうと機械，建屋，労働作業があれば存在するリスクであるため，化学プラントでも必要な技術知見である．

　プロセス安全分野のみならず，一般産業安全分野に関しても海外設計規格を中心にリスクベースアプローチの導入が進んできている．

82    3　設備種別からみた安全技術

表 3.1　安全分野の分類

| 大分類 | 安全分野 | 小分類 | 国内要求形式 | 代表的国際規格類<br>（機能要求系） |
|---|---|---|---|---|
| プロセス安全 | 設備安全 | 物質危険性評価<br>プロセス設計<br>プロセス安全設備<br>材料<br>構造・耐震<br>消火設備 | 仕様規制 | Safety Case<br>Regulation（UK） |
| | 機能安全 | 計装安全 | 機能規制 | IEC 61511 |
| | 電気防爆 | 電気機器選定 | 仕様規制 | EN 60079 |
| 一般産業安全 | 機械安全<br>（ISO 12100） | 機械機能安全<br>非電気機器防爆 | 仕様規制<br>— | IEC 62061<br>EN 13463 |
| | 火災安全 | 建屋消火設備・避難路 | 仕様規制 | Fire Safety<br>Regulation（UK） |
| | 労働安全 | 設計労災リスク削減<br>労働安全管理 | —<br>仕様規制 | CDM Regulation<br>（UK） |
| 業界固有の安全 | 原子力安全 | 原子力安全 | 仕様規制 | Nuclear Safety<br>Case（UK）<br>IEC 61513<br>（21 CFR） |
| | 医薬 | 原子力機能安全<br>GMP（good manufacturing practice） | | |
| | 自動車システム安全<br>鉄道システム安全 | 自動車機能安全<br>鉄道 RAMS<br>鉄道機能安全 | | ISO 26262<br>IEC 62278<br>IEC 62279 |

## 3.2　一般産業安全

　一般産業安全分野の安全設計手順は図 3.1 の通りとなる．化学プラントにおけるプロセス安全と同様に，概念設計時にできるだけ本質安全を追求したあと，基本設計時に設備のオリジナルリスクから目標とする ALARP リスクまでの差分を検討したうえで適切な安全設備・対策の導入を検討する．詳細設計時には信頼性評価手法などを用いて設備の信頼性を向上させたうえで，操業開始後はリスク削

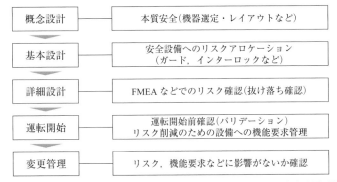

図 3.1　一般産業安全分野のプラントライフサイクルにおける安全設計手順

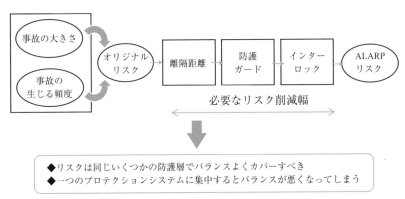

図 3.2　一般産業分野におけるリスク削減コンセプト

減のための安全設備・対策の機能要求の維持管理を行っていくという流れになる．

　安全設備へのリスクアロケーションの際は，図 3.2 に示す通り機械安全などで典型的に使用される防護策である防護ガードやインターロックに割り当てていくことになる．

## 3.3　一般産業における本質安全

　一般産業分野においても本質安全を追求することが安全性向上に重要な意味をもつ．とくに敷地配置の検討の際には，敷地全体計画に必要なエリアの広さ，各エリアでの作業内容や使用機器を明確にすること，および従業員や訪問者の典型的な動線を把握することが，本質安全を向上させるために重要な情報となる．

84    3　設備種別からみた安全技術

　必要な情報を確認したうえで，以下の観点を考慮しながら全体敷地計画を行うことで，敷地内での事故の可能性を削減することができる.

- 全体敷地配置計画
  - ➤ 敷地境界線
  - ➤ 敷地内の建屋配置（大規模事業所の場合は正門近くにオフィス区画を設けるなど）
  - ➤ 駐車場配置
  - ➤ 配達・輸送積荷用区画
  - ➤ 車・フォークリフトなどと人の動線およびアクセスルート計画
  - ➤ ミラーイメージレイアウトを避ける.
- リスク管理
  - ➤ 可燃性・危険物貯槽配置・消火・避難路計画
  - ➤ 危険物配置
  - ➤ 避難路計画
- 建屋内レイアウト
  - ➤ 全体敷地配置計画と同様の観点が適用できる.

## 3.4　危険源の同定

　一般産業分野の設備に関しても，第 2 章 2.8.1 項で紹介した HAZID 手法を用いて敷地内のどのエリアにどのようなハザードが存在するかを把握することは重要である. 表 3.2 に，一般産業で考えられる労働安全系のガイドワードの例を示す. 加えて，表 3.3 に示す典型的ハザードも参照しながら作業に関連するハザードも合わせて抽出するとよい.

　HAZID（もしくは他の手法でも）では，安全装置・安全対策がない場合のオリジナルリスクをしっかりと議論し記録することが，設備が本来もつリスクプロファイルを把握するうえで重要となる.

## 3.5　機 械 安 全

　機械安全に関する基本的な考え方は，人間はミスをする，機械は故障する，絶対安全は存在しない，というプロセス安全でのリスクの考え方と同じものである.

3.5 機械安全 85

表 3.2 機械・製造業系 HAZID ガイドワード例

| カテゴリー | ガイドワード |
|---|---|
| 機械ハザード | メカニカルハザード |
| | 電気ハザード |
| | 熱ハザード |
| | 騒音ハザード |
| | 振動ハザード |
| | 放射線ハザード |
| | 物質ハザード |
| | 人間工学的ハザード |
| | 機械周辺環境起因のハザード |
| | 組み合わせハザード |

表 3.3 一般産業分野における典型的ハザード

| カテゴリー | ハザード |
|---|---|
| 機械 | 挟まれ，可動部との衝突，感電 |
| 鋭利なパーツ，ツール | 切断 |
| 熱 | 熱傷，低温やけど |
| 電気 | 感電，火災 |
| 高所作業 | 高所からの落下，高所からの落下物 |
| 閉所作業 | 窒息，浸水 |
| 高圧空気，LPG | 負傷，空気塞栓症，火災 |
| 転倒，落下 | 転倒，落下 |
| 重量物の搬送 | 腰などへのダメージ，重量物落下 |
| 反復過労による怪我 | 関節などへのダメージ，振動 |
| 化学物質 | 化学物質への暴露，吸引 |

表 3.4 保護方策例

| 原　則 | 保護方策の例 |
|---|---|
| 本質安全の原則 | 幾何学的要因：可動部分の最小隙間を広め，身体の一部が押しつぶされないようにする<br>物理的要因：身体に危害を加えないように作動力を十分に小さく制限する |
| 隔離の原則 | 固定式ガード，両手操作制御装置 |
| 停止の原則 | インターロックつき可動ガード，検知保護装置 |

このうえで機械安全を達成するためのリスク低減 3 原則が掲げられている．

- 本質安全の原則：危険源を除去する，または人に危害を与えない程度にする．
- 隔離の原則：人と機械の危険源が接近・接触できないようにする．
- 停止の原則：一般的に機械は止まっていれば危険でなくなる．

それぞれの原則に対応する具体的な保護方策例を表 3.4 に示す．

機械安全もリスクベース化されており，国際規格 ISO 12100 が機械安全分野のリスクアセスメント原則を規定している．

## 3.6　機械機能安全

機能安全の国際規格 IEC 61508(2010)は，電気・電装品全般に対する機能要求（SIL：safety integrity level）を用いた設計から操業管理に至るライフサイクルを通してのガイドラインとなっている．化学プラントのようなプロセス業界向けの内容を補う子規格が IEC 61511(2017)である．この IEC 61511 に当たる子規格は業種ごとに多数発行されている（図 3.3）．

なかでも機械向けに設定されている IEC 62061(2015)は，機械の安全装置のうちインターロックに対しての設計から機能要求の維持管理を，プロセス安全と同様に SIL を用いて実施するものとなっている．ここでいうインターロックとは，例えば機械の駆動部のカバーを開けると機械が自動的に止まるようにする安全設備などである（図 3.4）．

ただし対象の機械が連続運転のものである場合は，SIL の信頼性ターゲット値は $PFH_D$（probability of a dangerous failure per hour）となるので注意が必要となる（表 3.5）．

3.6 機械機能安全

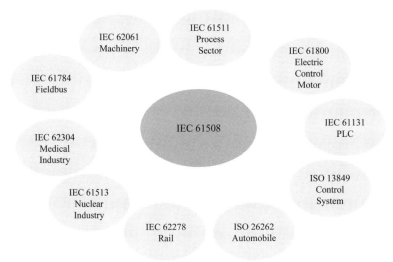

図 3.3 機能安全国際規格ファミリー

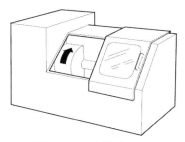

図 3.4 機能安全の対象となる回転機械のインターロックイメージ
［International Electrotechnical Commission（IEC），2015a］

表 3.5 機械機能安全で用いられる SIL クラス

| 安全度水準（SIL） | 1時間あたりに危険側故障を起こす平均確率<br>（SIL の信頼性ターゲット値）$PFH_D$ |
|---|---|
| 3 | $\geqq 10^{-8} \sim <10^{-7}$ |
| 2 | $\geqq 10^{-7} \sim <10^{-6}$ |
| 1 | $\geqq 10^{-6} \sim <10^{-5}$ |

［International Electrotechnical Commission（IEC），2015a］

88    3 設備種別からみた安全技術

表 3.6 機械 SIL 決定パラメータ *Se*

| 結果（consequence） | 重大度（severity）*Se* |
|---|---|
| 不可逆的：死亡，目や腕を失う | 4 |
| 不可逆的：手足の骨折，指を失う | 3 |
| 可逆的：医師の治療が必要 | 2 |
| 可逆的：応急処置が必要 | 1 |

［International Electrotechnical Commission（IEC），2015a］

表 3.7 機械 SIL 決定パラメータ *Fr*

| 暴露頻度（frequency of exposure） | 頻度（frequency）*Fr* |
|---|---|
| ≧1/時間 | 5 |
| <1/時間〜≧1/日 | 5 |
| <1/日〜≧1〜2/週 | 4 |
| <1〜2/週〜≧1/年 | 3 |
| <1/年 | 2 |

［International Electrotechnical Commission（IEC），2015a］

表 3.8 機械 SIL 決定パラメータ *Pr*

| 発生確率 | 確率（probability）*Pr* |
|---|---|
| 非常に高い（very high） | 5 |
| 可能性が高い（likely） | 4 |
| 可能性あり（possible） | 3 |
| めったにない（rarely） | 2 |
| 無視できる（negligible） | 1 |

［International Electrotechnical Commission（IEC），2015a］

IEC 62061 で示される SIL 決定手法は，表 3.6〜表 3.9 で示すパラメータと次式から表 3.10 に示すマトリックスをもとに事故重大度と発生頻度から決定するというものである．

- SIL 決定のための式：$Cl = Fr + Pr + Av$
- SIL に応じて必要な安全設備の信頼性を満たすようにすることで必要なリスク削減を達成

表 3.9　機械 SIL 決定パラメータ *Av*

| 可能性 | 危害を回避または制限できる可能性<br>(**probabilities of avoiding or limiting harm**) *Av* |
|---|---|
| 不可能（impossible） | 5 |
| めったにない（rarely） | 3 |
| 可能性が高い（probable） | 1 |

［International Electrotechnical Commission（IEC），2015a］

表 3.10　機械機能安全 SIL 決定マトリックス

| | | クラス（**class**）*Cl* | | | | |
|---|---|---|---|---|---|---|
| | | 4 | 5～7 | 8～10 | 11～13 | 14～15 |
| 重大度<br>（**severity**）<br>*Se* | 4 | SIL2 | SIL2 | SIL2 | SIL3 | SIL3 |
| | 3 | | (OM) | SIL1 | SIL2 | SIL3 |
| | 2 | | | (OM) | SIL1 | SIL2 |
| | 1 | | | | (OM) | SIL1 |

注）OM：other measures
［International Electrotechnical Commission（IEC），2015a］

## 3.7　一般火災安全

　ここでいう一般火災安全とは，建屋内にある可燃性物質（電気配電盤，紙くずなど燃える可能性のあるものはすべて）から発生する火災を対象とし，人々が安全に避難できるようにするための対策をとるものをいう．英国などでは一般火災安全をリスクアセスメントベースで行うことも出てきている．これを火災リスクアセスメントという．

　リスクベース一般火災安全の考え方は，火災発生から人が認知して建屋外（安全な場所）まで逃げられるまでは建物が倒壊しないように設計することが原則になる．図 3.5 に示すタイムチャートを作成し，以下の設備やレイアウトの観点で倒壊までの時間内に安全に避難することができるか判定を行う．

- 認知を早める検知システム
- 延焼を遅らせる耐火・難燃材の使用

90　　3　設備種別からみた安全技術

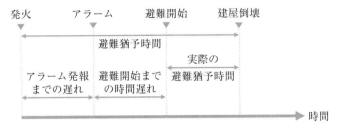

図 3.5　火災発生時の人の退避完了までのタイムチャート
[British Standards Institution (BSI), 2017]

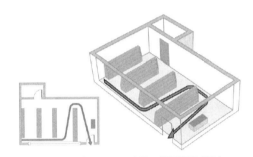

図 3.6　出口までの実際の避難経路検討
[British Standards Institution (BSI), 2017]

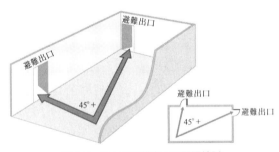

図 3.7　2 方向避難出口の配置検討
[British Standards Institution (BSI), 2017]

- スムーズな避難のための避難路幅，ドア広さ
- 安全な場所までの距離

図 3.6〜図 3.9 に示すように，2 方向避難，最短距離で避難できる避難路考慮，袋小路をできるだけなくすことなど，ここでも基本的にはプロセス設備の避難計画と同じコンセプトが適用できる．

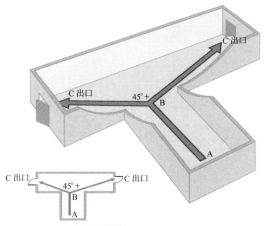

**図 3.8　2方向避難出口までの移動距離検討**
［British Standards Institution（BSI），2017］

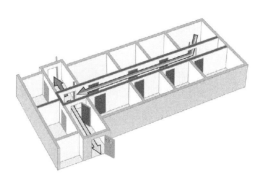

**図 3.9　複数のコンパートメントがある際の避難路検討**
［British Standards Institution（BSI），2017］

## 3.8　労働安全

　操業作業中もしくは工事作業中の労働災害に関する安全分野を労働安全と呼ぶ．プロセス安全分野，労働安全分野，環境マネジメントなど，安全分野全体を統合したマネジメントシステムを HSE（health, safety and environment）マネジメントシステムと呼ぶ（図 3.10）．実際にはそれぞれの要素ごとにポリシー，プ

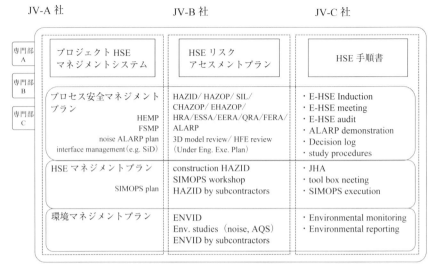

図 3.10　HSE マネジメントシステムの例

ラン，手順書のセットを別々につくり，全体としては統合したシステムとする半統合型が一般的である．マネジメントシステムの統合については第 5 章の 5.11 節で解説する．

　プロセス安全/一般産業安全では設備設計時から本質安全を追求し，そののちにリスクに応じた防護設備・防護措置にリスクアロケーションをしていく流れとなる．一方で労働安全に関しては，操業のための作業や工事作業が完全には避けられないため，作業手順や工事手順をもとにリスクを評価し管理するという流れが一般的だった．しかし昨今英国を中心に，労働安全分野においても，新設であれば設備設計時点から工事作業中のリスクを削減できる本質安全の検討から始める必要が指摘されている［UK HSE, 2015］．操業時の作業であればヒューマンファクターによる自動化の導入観点であったり，増設工事や改造工事においてもできる限り工事作業自体の危険性が少なくなるような配慮をするという，まさに設備設計の本質安全考慮と同じ枠組みが導入されている．

　さらに大規模な工事や定期修繕時などは，協力会社が多数関わり，かつ契約形態も図 3.11 のようにシンプルではなく，図 3.12 のように複雑な形態になることも多く，工事作業に関わるリスクが協力会社間で適切に連絡しにくい状況になりやすい．そのため，マネジメントシステムとして，会社をまたぐ組織間のリスク

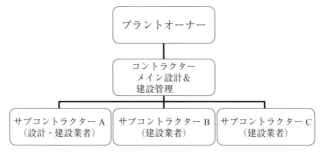

図 3.11　シンプルなジョイントベンチャー構成

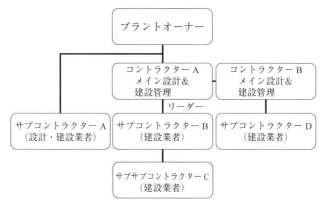

図 3.12　複雑なジョイントベンチャー構成

コーディネーターを置くことも重要な措置となる．

　この際，労働安全に特化したガイドワード（表 3.11）を用いた労働安全 HAZID を実施し，リスク管理台帳化し，設備設計や工事計画の進捗に合わせて適宜リスクを見直し，残存リスクを関連会社に常に共有することが有効である．労働安全 HAZID 手順を図 3.13 に示す．

　労働安全 HAZID 実施後の管理フローを図 3.14 に示す．ここで重要なポイントは労働安全 HAZID の結果をリスク管理台帳化（表 3.12）し，適宜モニタリングするとともに，協力会社にわかりやすい形で残存リスクを提示することである．残存リスクコミュニケーション方法の一例として，建設図面上にリスク情報を載せる方法などがある（図 3.15）．

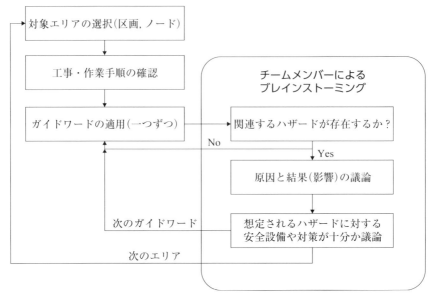

**図 3.13 工事・労働災害 HAZID 手順**

**表 3.11 工事・労働災害 HAZID ガイドワード例**

| ガイドワード ||
|---|---|
| ・アクセス用設備 | ・ライム病 |
| ・隣接エリアでの作業 | ・重量物の搬送作業(搬送機器なし) |
| ・生物化学物質 | ・機材による作業 |
| ・埋設物/地下構造物 | ・騒音 |
| ・閉所作業 | ・頭上での作業 |
| ・出入りでの制限 | ・ポストテンション方式コンクリート打設 |
| ・ダスト | ・プレストレストコンクリート打設 |
| ・既設設備のハザード | ・放射性被曝 |
| ・爆発性雰囲気 | ・健康被害物質 |
| ・建設足場/仮設作業 | ・車両の移動 |
| ・火災 | ・振動 |
| ・割れやすい足場での作業 | ・水媒介性の伝染病 |
| ・地下水の侵入 | ・溶接/火気作業 |
| ・高環境温度 | ・高所作業 |
| ・新鮮な空気の供給不足 | ・掘削作業 |
| ・レジオネラ菌 | ・水辺の近く/上での作業 |
| ・低環境温度 | ・爆発物を用いての作業 |
| ・人間工学的問題 | ・その他 |

3.8 労働安全

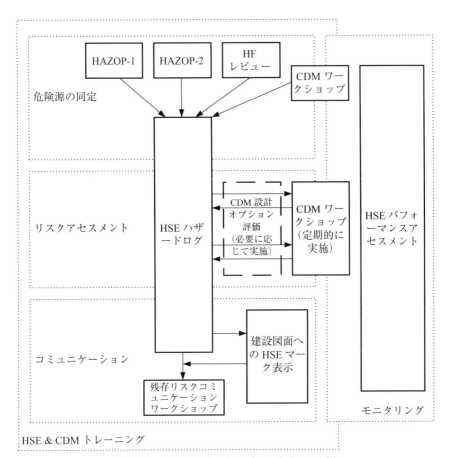

**図 3.14 工事・労働安全ハザード管理フロー例**
注) HSE：health, safety and environment（労働安全，安全，環境）
    CDM：construction and design management（英国法規：建設および設計マネジメント）

96    3 設備種別からみた安全技術

表 3.12 工事・労働

| 参照番号 | 建設 | 運転 | 保全 | 廃棄 | ハザードタイプ | 作業概要 | |
|---|---|---|---|---|---|---|---|
| | 影響を受ける<br>ステージ | | | | | | |
| 1 | C | | | | 閉所空間での作業 | セル内での配管工事：<br>工事性を考慮した溶接もしくはフランジ接<br>手の接合作業，部品の運び込みのタイミン<br>グ，もしくは漏洩減となる可能性のある箇<br>所の削減 | |
| 2 | C | | M | D | アクセス・避難の制限 | 電気/計装機器のパネル：<br>設置タイミング | |
| 3 | | | | D | アクセス・避難の制限 | パネルの廃棄 | |
| 4 | C | O | M | | 火災 | 建屋火災 | |
| 5 | | O | M | | その他 | セル内の複数のタンク：<br>漏洩液の回収と回収設備設計指針の明確化 | |
| 6 | | O | | | 騒音 | 通常運転中の騒音暴露：ただしポンプ室へ<br>の立ち入りは不要 | |
| 7 | | O | | | 振動 | ポンプからの振動：振動系の設置なし | |
| 8 | C | | M | D | メカニカルハンドリング | サンプルポンプは B3F に設置されている<br>が，B2F から階段で入室する配置のため，<br>建物完成後ポンプの交換やメンテナンス，<br>撤去が難しい | |

## 3.8 労働安全    97

### 安全ハザードログ例

| 計画されたリスク削減策 | 初期リスクランキング | 残存リスクランキング | 追加の推奨アクション | 担当 | 期限 | 参考資料 |
|---|---|---|---|---|---|---|
| なし | とても高い | とても高い | 建設順序をチェックし，閉鎖空間での作業を回避できるかどうかを確認する | | | |
| なし | 高い | 高い | 建設順序をチェックし，閉鎖空間での作業を回避できるかどうかを確認する | | | |
| なし | 中程度 | 中程度 | 廃止計画を確認すること | | | |
| 火災リスクアセスメントによる対応検討 | とても高い | とても高い | 火災リスクアセスメントを実施し確認すること | | | 図書番号 xxxxx 火災リスクアセスメントレポート |
| ウェットサンプとエジェクターで，次のセルの別のタンクに回収する（ただし，何らかの理由でタンクが使用できない場合もある） | 高い | 高い | 詳細設計時に確認する | | | |
| 運転中にはアクセスする必要なし | 高い | 低い | なし | | | |
| なし | 中程度 | 中程度 | 振動監視（機械状態監視）が技術要件として要求されていないか確認する | | | |
| なし | 高い | 中程度 | ポンプの設置，メンテナンス，廃止計画を確認する 計画のためにポンプの重量をチェックする | | | |

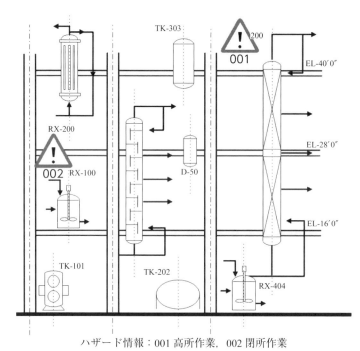

ハザード情報：001 高所作業，002 閉所作業
図 3.15　CDM ハザード管理情報コミュニケーション例

## 3.9　設備信頼性

　一般産業分野における設備信頼性技術は，第 2 章 2.8.6 項の図 2.19 に示すうちの"アナリシス技術による改善"を行う目的で発展してきた．基礎となる確率・統計分野の技術はプロセス安全分野に適用する際と同じものとなる．ここでは，設備のシステム最適化を図るために使われることが多い FMEA（failure mode and effect analysis）について紹介する．

　FMEA は，もともと 1960 年代中頃に宇宙航空業界で開発された手法（US MIL-STD-1629A）である．

- FMEA は"故障モード影響解析手法"と呼ばれている信頼性解析手法．製品および工程についての問題が発生する前に，問題を見つけ出し，予防する体系的な分析方法

- FMECA (failure mode, effects and criticality analysis)：故障モード・影響および致命度解析．FMEA の解析に故障モードの発生確率を加えて"致命度"を算定し，対策の優先順位を合理的に決定する手法

FMEA の実施手順を図 3.16 に示す．また FMEA と FMECA のワークシート例をそれぞれ表 3.13 と表 3.14 に示す．

FMECA の場合，勧告・アクションの優先づけのためリスク優先度 *RPN*（risk priority number）判定を行うことになる．リスク優先度 *RPN* は以下の指標から決定する．

$$RPN = S(重大度) \times O(発生可能性) \times D(検知可能性)$$

各パラメータの選定基準例は表 3.15～表 3.17 を参照のこと．

FMECA には，クリティカリティをリスクマトリックスや数値評価をする FMECA 手法など派生形も存在する．

図 3.16 FMEA/FMECA 実施手順

100    3   設備種別からみた安全技術

表 3.13   FMEA ワークシート例

| システム | 故障モード | 起因事象 | 影響 | | 検知手段 | コントロール手段 | 勧告・アクション | 補足 |
|---|---|---|---|---|---|---|---|---|
| | | | 局所的 | システム全体 | | | | |
| | | | | | | | | |
| | | | | | | | | |
| | | | | | | | | |

表 3.14   FMECA ワークシート例

| システム | 故障モード | 起因事象 | 影響 | | 検知手段 | コントロール手段 | 頻度 | 影響度 | 検知可能性 | RPN | 勧告・アクション | 補足 |
|---|---|---|---|---|---|---|---|---|---|---|---|---|
| | | | 局所的 | システム全体 | | | | | | | | |
| | | | | | | | | | | | | |
| | | | | | | | | | | | | |
| | | | | | | | | | | | | |

表 3.15   重大度（severity）

| ランク | 度合い | 重大度 |
|---|---|---|
| 1 | 低（low） | システムの機能性に影響はほぼない |
| 2 | | システムの機能性がやや劣化・悪化する |
| 3 | | |
| 4 | 中程度（moderate） | システムの機能性が明らかに劣化・悪化する |
| 5 | | |
| 6 | | |
| 7 | | |
| 8 | 高（high） | 運転状態に影響するが安全や法令要求への影響は含まない |
| 9 | | |
| 10 | | 人の安全・設備・環境への影響が出る |

表 3.16 発生可能性 (occurrence)

| ランク | 度合い | 故障頻度 |
|---|---|---|
| 1 | 低 | $<1/10^6$ |
| 2 | 低 | 1/20,000 |
| 3 | 低 | 1/4,000 |
| 4 | 中程度 | 1/1,000 |
| 5 | 中程度 | 1/400 |
| 6 | 中程度 | 1/80 |
| 7 | 中程度 | 1/40 |
| 8 | 高 | 1/20 |
| 9 | 高 | 1/8 |
| 10 | 高 | >1/2 |

表 3.17 検知可能性 (detectability)

| ランク | 度合い | 検知可能性 |
|---|---|---|
| 1 | 高 | 設計脆弱性をほぼ確実に検知可能 |
| 2 | 高 | 設計脆弱性を検知する可能性が比較的高い |
| 3 | 高 | 設計脆弱性を検知する可能性が比較的高い |
| 4 | 高 | 設計脆弱性を検知できない可能性がある |
| 5 | 中程度 | 設計脆弱性を検知できない可能性がある |
| 6 | 中程度 | 設計脆弱性を検知できない可能性がある |
| 7 | 中程度 | 設計脆弱性を検知できない可能性がある |
| 8 | 低 | 設計脆弱性はおそらく検知できない |
| 9 | 低 | 設計脆弱性はおそらく検知できない |
| 10 | 低 | 設計脆弱性を検知する可能性は非常に低い |

# 3.10 システム安全

　鉄道分野のようにプロセス設備や機械生産設備は含まないが，システムの信頼性自体が安全性や運航稼働率に直結する危険性を含む業種では，後述するセーフティケース（安全性の証明）の中で設備システムの信頼性および稼働率（アベイラビリティ）の評価が重要な位置を占めることになる．

　国際規格 IEC 62278(2002)では RAMS（reliability, availability, maintainability and safety）という概念で示されている．鉄道のようなシステム系は，プロセス安全よりもより一層，信頼性，稼働率，保全性が安全性に直結するため，この概念が強く出されている（図 3.17）．

　IEC 62278 では安全性・稼働率をライフサイクル管理するコンセプトが明確にされている．また IEC 62425(2007)は鉄道セーフティケースの標準規格となっており，セーフティケースの中心として，"ハザードログ"を用いることになっている．IEC 62279(2015)は鉄道操業系ソフトウェア系 SIL 規格である．

3 設備種別からみた安全技術

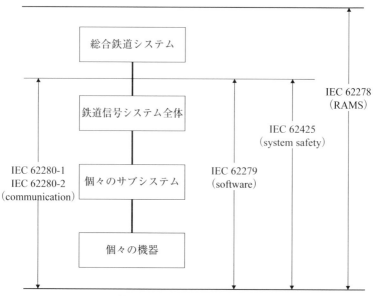

図 3.17 鉄道セーフティケースを構成する規格類
[International Electrotechnical Commission (IEC), 2002]

# 4

# 安全管理

## 4.1 安全運転と保守管理

　化学プラント操業における安全担保のためには，操業を安全に実行できるような制度やルールをもつことが必要である．これを操業の安全管理または安全マネジメントと呼ぶ．

　図4.1に操業を実行するための要素と，従来型（プロセス安全マネジメントが導入される前）の操業管理を支える制度・ルール（規程・規則）項目の代表的なものを示す．

　操業管理における安全管理（安全運転）と操業要素としての設備保全（保守管理）が重要な要素であることは変わらないが，従来型は安全マネジメントシステ

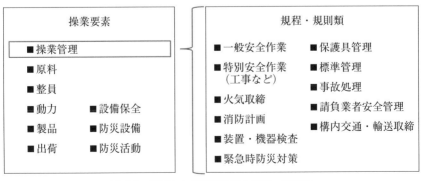

**図 4.1　プラントの操業要素と規程・規則類**
［化学工学協会, 1979b］

104    4 安全管理

表 4.1　PSM の特徴分類

| 特　徴 | レベル 1 | レベル 2 | レベル 3 | レベル 4 | レベル 5 |
|---|---|---|---|---|---|
| | 一般安全マネジメントシステム | PSM仕様型 | RBPS仕様型 | RBPS自律型 | RBPS高度自律型 |
| 一般安全型 | 一般安全マネジメントシステム（PSM 概念なし） | | | | |
| 操業業務型 | | OSHA 14エレメント | CCPS 20エレメント | | |
| ライフサイクル型 | | | ISC 6ピラー | セーフティケース | SPSM（他マネジメントシステムとの統合 & SDGs への展開を目指すレベル） |
| 統合 PDCA型 | | | | | |

ムとしてプロセス安全や労働安全の分野を分けることなく一体として構成されて
きていた．これ自体は間違いではないが，プロセス安全マネジメントと労働安全
マネジメントではその目的が前者では漏洩防止，後者では作業時の労働災害防止
と異なっているため，漏洩事故防止もしくは被害低減を目的と定めて何をすべき
かを明確にするための手法として，プロセス安全マネジメント（PSM）が始
まった．
　本章では主要な PSM のフレームワーク（PSM モデル）を紹介する．表 4.1 に
それぞれの PSM モデルの特徴とリスクベース度合い/自律性での違いをまとめ
た．一般に PSM では操業業務ごとにプロセス安全観点を強化する米国のエレメ
ントモデルが有名である．米国労働安全衛生局 OSHA 14 エレメントはリスク
ベースを用いていない最も基本的な PSM，それをリスクベース化したものが
CCPS 20 エレメントと位置づけられる．これらは基本的には何をすべきかとい
う指針を示すものである．同様にリスクベース化した PSM でプラントライフサ
イクルの中で何をすべきか示したモデルが，英国化学工学会安全センター
（IChemE SC）の 6 ピラーモデル（ISC 6 ピラー）である．プラントライフサイ
クル型で事業者が自律的に技術的・マネジメントシステム的管理要件を定義する
のがセーフティケースモデルとなる．さらにストラトジック PSM 研究会の提唱
するモデル［ストラトジック PSM 研究会, 2022］として，ISO などが示してい

るマネジメントシステムの基本形である PDCA サイクルに基づいて設計していくモデル（SPSM モデル）がある．本書では，リスクベースプロセス安全マネジメントの実践方法に関しては，PDCA モデル型である SPSM モデルに基づいて解説する．PDCA モデル型で構築することで，一般的に労働安全衛生や環境など ISO 型をベースに構築されるマネジメントシステムとの親和性が高まり，マネジメントシステムの統合化を図りやすくなる．

## 4.2 操業安全管理の注意点

### 4.2.1 運 転 管 理

操業安全業務の中心は定常作業・非定常作業（通常停止，緊急停止など）を含む運転業務となる．化学プラントの運転業務には多くのスタッフが関わるため，組織内で業務内容を明確化し，分担したうえで，コミュニケーションを円滑にとることが重要となる．運転に関する必要管理項目としては以下が挙げられる．

- 運転手順書
- 指示・報告（ルール）
- 引き継ぎ（シフト間など）
- ミーティング
- パトロール
- 運転記録
- 連絡体制

### 4.2.2 保 全 管 理

設備の保守管理（保全管理）は保安管理と並び設備の安全性を守るための重要な項目である．設備の健全性を確保することにより，休止損失や事故を排除することが目的である．具体的な保全管理業務としては，通常運転時の保全業務（保全計画，設備点検検査，工事計画など）と定期修理（数年に一度の頻度で行うプラントの停止修繕（開放点検，検査，掃除，取替えなど））に大別できる．

### 4.2.3 保 安 管 理

設備・操業運転上の安全管理を行う機能を“保安”と呼ぶ．プラントの保安管理においては，プラント内のすべての組織とその運用システムに関連するため，

操業管理（運転や保守）と密に連絡をとることが必要である．

運転管理は生産を司る"ライン"部門の業務であるのに対し，保安管理は"スタッフ"部門が担う．運転管理は生産の"ハンドル"と"アクセル"，保安管理は"ブレーキ"の役割となるため，生産・利益に偏らないようにバランスのよい判断を可能とするため，ライン部門とスタッフ部門の密接な連絡体制が重要である．

### 4.2.4 組織と個人の態度

どんなにシステムをうまく構築し，何重にも安全策を講じても，使う人間，もしくは組織そのものに安全を重視する文化がなければ，すべてすり抜ける可能性が高い．安全文化および HOF（human and organizational factors）については第6章で解説する．

## 4.3 マネジメントシステムの歴史

"マネジメントシステム"とは，組織の目標を達成するための制度，ルール，規範や文化などで総合的に構築された管理体系のことである．管理の状態を逐次モニタリングして改善しながら運用され，PDCA（Plan-Do-Check-Act）のサイクルで表現される．

マネジメントシステムは文書で規定する必要がある．一般的にマネジメントシステムは，図 4.2 に示す PDCA サイクルに沿って，以下の項目を網羅するよう構成される．

- 目的および適用範囲
- 役割と責任所掌
- 業務内容と手順書
- 必要入力情報
- 期待される結果とプロダクト
- 資格とトレーニング
- 活動開始タイミング，スケジュール，期限
- リソースとツール
- 継続的改善
- マネジメントレビュー
- 監査

図 4.2　PDCA サイクル

## 4.4 安全マネジメントシステム

1999年に国際原子力機関が発表したINSAG-13［INSAG, 1999］が，安全マネジメントシステムの全体像をわかりやすく提示している（図4.3）．マネジメントシステムの目的を安全性の確保・事故の削減に置き，その目標を設定するためのPDCAサイクルを設定したものであるが，前述の操業期間の安全管理の本質的な難しさも踏まえて，担当者の人材要件（コンピテンシー），組織としての質問する態度やコミュニケーションなど重要な要素が加わっている．

とくに安全マネジメントシステムは，マネジメントの対象となる設備やプロジェクトが存在する国や地域の法令要求や規格類の遵守が第一に必要である．法令と規格に関しては，以下の情報把握や対応が必須となる．

- 法令要求
    - 関連する法令の把握
    - 要求事項の整理

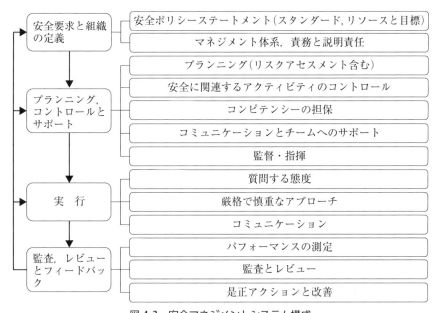

図4.3 安全マネジメントシステム構成
［Internationl Nuclear Safety Advisory Group（INSAG），1999］

108    4  安全管理

- ➢ 遵守状況の確認と記録
- • 規格類
- ➢ 準拠する規格類の整理（版の確認）
- ➢ 要求事項の整理
- ➢ 改訂版の有無の確認と要求事項変更の確認
- ➢ 遵守状況の確認と記録

## 4.5  PSM

　プロセス安全マネジメント（PSM）とは，1992 年に米国労働安全衛生局（OSHA）が導入した操業プラントにおけるプロセス安全管理のコンセプトで，プロセス安全管理上押さえるべき 14 個の要素を規定したもの（29 CFR 1910.119）［OSHA，1992］である.

　大前提として操業マネジメントシステムや労働安全に関する安全マネジメントシステムが機能しているうえで，プロセス安全に関する管理能力を向上させるためには以下の 14 要素を強化することの必要性が述べられている.

- • プロセス安全情報（process safety information）
- • プロセスハザード分析（process hazard analysis）
- • 作業手順（operating procedures）
- • 従業員の参加（employee participation）
- • トレーニング（training）
- • 協力会社（contractors）
- • 運転開始前の安全審査（pre-startup safety review）
- • 設備の健全性（mechanical integrity）
- • 火気使用許可（hot work permit）
- • 変更管理（management of change）
- • 事故調査（incident investigation）
- • 緊急時対応計画（emergency planning and response）
- • 監査（compliance audits）
- • 業務機密（trade secrets）

## 4.6 RBPS

リスクに基づくプロセス安全（RBPS）とは，2007年に米国化学工学会化学プロセス安全センター（CCPS）が導入した，リスクベースで操業プラントのプロセス安全管理を行う場合に，押さえるべき20個の要素のあるべき姿を示したものである［CCPS, 2007］．RBPS 20エレメントは以下の項目からなる．これらは"プロセス安全を誓う"，"ハザードとリスクの理解"，"リスクの管理"および"経験から学ぶ"という四つのカテゴリーに分けられる．重要なことは"ハザードとリスクの理解"をもとに適切な"リスクの管理"を行うというプロセスを回していくことである（図4.4）．

- プロセス安全文化（process safety culture）
- 規範の遵守（compliance with standards）
- プロセス安全能力（process safety competency）
- 従業員の参画（workforce involvement）
- 利害関係者との良好な関係（stakeholder outreach）
- プロセス知識管理（process knowledge management）
- ハザードの同定とリスク解析（hazard identification and risk analysis）
- 運転手順（operating procedures）
- 訓練と能力保証（training and performance）
- 安全な作業の実行（safe work practices）

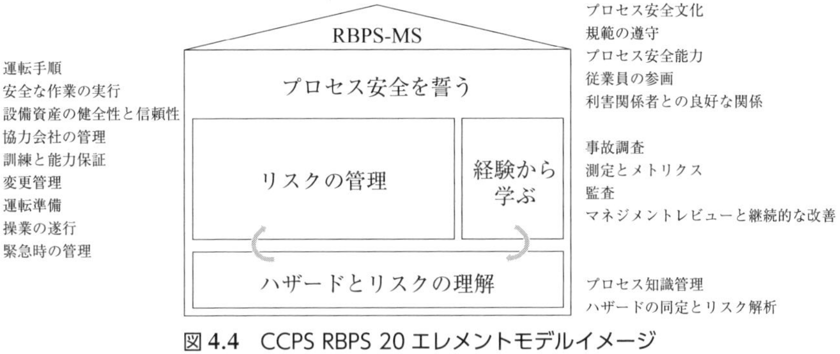

**図4.4　CCPS RBPS 20エレメントモデルイメージ**
［Center for Chemical Process Safety（CCPS），2007］

110    4 安全管理

- 設備資産の健全性と信頼性（asset integrity management）
- 協力会社の管理（contractor management）
- 変更管理（management of change）
- 運転準備（operational readiness）
- 操業の遂行（conduct of operations）
- 緊急時の管理（emergency management）
- 事故調査（incident investigation）
- 測定とメトリクス（measurement and metrics）
- 監査（auditing）
- マネジメントレビューと継続的な改善（management review and continuous improvement）

　CCPS のガイドラインにそれぞれのエレメントに関するあるべき姿が詳細に述べられているため，ここでは各エレメントの主要なポイントのみ列記する．

## プロセス安全文化

　組織としてプロセス安全への意識を高めるためのエレメントであり，このエレメントが弱いといくらマネジメントシステムを工夫しても実行時の効果がついてこない（すなわち事故の可能性が減らない）ことになる．

- プロセス安全をコアバリューとして確立
- 強いリーダーシップ
- 高い業務達成基準の確立と実施
- プロセス安全文化の強調とアプローチの明文化
- 脆弱性に対する感度の維持
- 個人のプロセス安全に対する責任が成功裏に達成できるように個人に権限をもたせる．
- 対応する専門分野の専門家の意見を尊重する．
- 透明性がありかつ効率的なコミュニケーションを保証する．
- 質問しやすい，また学習しやすい環境を確立する．
- 相互信頼を醸成する．
- プロセス安全に関する問題や懸案に迅速に対応する．
- 継続的パフォーマンスのモニタリング

## 規範の遵守

　法令は最低限のルールであり，かつすべてのマネジメントシステムの基礎とな

る．加えて業界のよい慣行を取り入れるため，標準規格などの最新情報も積極的に取り入れることが重要となる．

- 標準システムの一貫した適用の保証
- 適用する標準規格のコンプライアンス確認
- 十分な能力要件をもつ人材の登用
- 標準規格類を遵守する慣行の有効性維持
- 標準業務への適切なインプットの提供
- 遵守状況を保証する業務の実行
- 実際の遵守状況の適切な頻度での確認とマネジメントへの状況報告
- 新しい情報もしくは変更が生じた際の標準・規格類の適格性のレビュー
- 必要に応じた準拠図書とレポートのアップデート
- 適切な外部機関への適合の伝達もしくは準拠保証レコードの提出
- エレメント業務レコードの維持

## プロセス安全能力

組織全体のもつプロセス安全への対応能力を高めることが重要．学習する組織への変革，専門分野ごとのスペシャリスト育成，そして知識のアップデート（外部からの情報の取込み）などを積極に行うことが推奨されている．

- 目的の設定
- 責任者の任命
- 必然的に得られるベネフィットの同定
- 学習計画の立案
- 学習する組織の推進
- 技術に関する代表者の任命
- 知識の文書化
- 情報へのアクセスができることの保証
- 体系の明示
- 適切な人材に知識を獲得するよう推奨する．
- 知識を適用する．
- 情報をアップデートする．
- 人材間のコミュニケーションを奨励する．
- 計画的人事異動
- 外部ソースからの知識の積極的な吸収

112 4 安全管理

- 既存成果物の使い勝手の評価
- 運転課からの要望の積極的取込み
- 計画の調整

## 従業員の参画

従業員がプロセス安全に関する活動に積極的に関与できる仕組みをつくることが重要．意識の向上，現場の意見の吸上げと改善，およびレジリエンスの向上などが期待される．

- 一貫した実行の保証
- 十分な能力要件をもつ人材の登用
- 適切なインプットの提供
- 適切な業務プロセスの適用とエレメント業務成果物の作成
- 従業員の参画に関する習慣が常に有効であることを保証する．
- 従業員参画プログラムへの積極的参加を促す．
- 従業員参画プログラムへの新規の参加機会を与える．
- 従業員参画プログラムの成功例の周知

## 利害関係者との良好な関係

地域の消防や警察との緊急時の対応計画の共有といった具体的な緊急時対応計画へのフィードバックだけでなく，組織としてプロセス安全に関わる意思決定をする際にも，プラントと利害関係のあるステークホルダーの考え方を理解しておくことは重要．

- 一貫した実行の保証
- 十分な能力要件をもつ人材の登用
- 実践を効果的に保つ．
- 適切な利害関係者の同定
- 適切な適用範囲の定義
- 適切なコミュニケーションルートの同定
- 適切なコミュニケーションツールの開発
- 適切な情報の共有
- 外部との関係性の維持
- 利害関係者へのコミットメントのフォローアップとフィードバックの確認
- 利害関係者の関心事に関するマネジメントとの共有
- 利害関係者への働きかけの記録

## プロセス知識管理

正確なプロセス知見の理解に基づくリスクアセスメント，およびプロセス知識の正確さ自体が各エレメントの出来に直結する．

- 一貫した実行の保証
- 対象の定義
- 化学反応性・不適合性による危険性の十分な文書化
- 十分な能力要件をもつ者への責任の割当て
- 情報を利用できるようにすることと，情報の体系化
- 不慮の喪失からの知識の保護
- 計算書，設計データや同様の情報のセントラルファイルへの保存
- ユーザーの使いやすい形での情報の図書化
- 古くなった図書・情報へのアクセスのコントロールもしくは制限
- 正確性の保証
- 不慮の変更に対する保護
- 物理的（もしくは電子的）廃棄もしくは誤った箇所へのファイリングに対する保護
- 適切な変更管理のための補助
- 周知徹底
- プロセス知識の有効性の確保

## ハザードの同定とリスク解析

プラントのライフサイクルにわたって，ハザードの同定・リスク解析を行い，リスクが組織のリスク削減ターゲットに対して適切に管理されていることを示すことが重要．

- 適用するリスクマネジメントシステムの図書化
- プロジェクトもしくはプラントライフサイクルにおける HIRA 実施計画および実行
- 解析の目的の明確な定義と適切な範囲の保証
- リスク体系での物理的範囲（例えば，火災・爆発，暴走反応，構造解析など）の決定
- 十分な能力要件をもつ人材の登用
- 一貫したリスク判断基準の適用
- リスク対策が有効であることの検証

114　4　安全管理

- 危険の特定とリスク評価のための適切なデータ収集と使用
- 適切な HIRA 手法の選択
- HIRA 参加者が適切な専門性をもっていることの確認
- ライフサイクルの段階と利用可能なプロセス情報に応じた適切なレベルの技術的厳密さによる HIRA 活動の実施
- 厳格な HIRA レポートの作成
- リスク許容基準の適用
- 適切なリスク管理策の選択
- 重要な結果のマネジメント層への報告
- 残存リスクの文書化
- 勧告の解決とアクションの完了の追跡
- 社内での結果伝達
- 結果を外部に発信する
- リスクアセスメント記録の管理

## 運転手順

　人が関与する運転手順や作業においては，人のパフォーマンスがプロセス安全に直結する．よい手順書を準備することは人のパフォーマンスを向上させる．

- マネジメントコントロールの確立
- 手順書の書式と内容のコントロール
- 図書の適切な管理
- タスク解析の実行
- 必要な手順書の種類，およびその詳細さの適切なレベルの決定
- すべての運転モードへの対応
- 適切な書式の使用
- 手順に，期待されるシステムの応答，手順またはタスクが適切に行われたかどうかを判断する方法，エラーまたは動作の省略により生じる影響が記述されていることの確認
- 安全運転限界および安全運転限界からの逸脱の影響への対処の記載
- 運転への制限条件の記載
- 明確で簡潔な指示
- チェックリストによる手順の補足
- 写真や図の効果的な活用

- 一時的または非定常な作業を管理するための手順書の作成
- タスクの論理的な順序でのグループ化
- 関連する手順書間の相互関連をとる
- 手順を検証し，実際の業務が意図された業務に適合していることの確認
- トレーニングの際に使用する手順
- 組織が一貫して手順に従うことの責任を負う
- 手順書の有無の確認
- 変更の管理
- 手続きの利用，適時の誤記・脱字の修正
- すべての運転手順書を定期的に見直すこと

## 訓練と能力保証

　人が関与する運転手順や作業において，人のパフォーマンスがプロセス安全に直結する．運転手順だけでなく，適切なトレーニングの実施はパフォーマンスの保証につながる．

- 役割と責任の明確化
- プログラムの有効性の検証
- 図書の適切な管理
- ジョブ/タスク分析の実施
- 業務に携わる者の最低条件（または必須要素）の決定
- 必要なトレーニングの見極め
- トレーニングプログラムの体系化
- 変更の管理
- トレーニング教材の開発または調達
- タイミングの考慮
- 関連するトピックの織合せ
- トレーニングプログラムの受講ができることの保証
- 従業員の入構時（もしくはトレーニングプログラム実施時）の適正評価
- 従業員への定期的なテスト
- 定期的なすべての資格要件のレビュー

## 安全な作業の実行

　手順の中でも作業許可申請（許可基準や決定プロセス），および“運転手順”や“設備の健全性”エレメントとの関連する作業環境に関するエレメント．とく

に非定常作業時の見逃しが大きなプロセス事故につながる事例もある.

- 一貫した実行の確立
- 適用範囲の定義
- 安全作業手順が施設のライフサイクルの中でいつ適用されるかの明示
- 十分な能力要件をもつ人材の登用
- 安全作業手順書,許可証,チェックリスト,およびその他の文書による基準の作成
- 従業員と協力企業へのトレーニング
- とくに危険なエリアへのアクセス管理
- 安全作業手順書,許可証,その他の基準の使用の徹底
- 完了した許可作業の確認

## 設備資産の健全性と信頼性

プラントライフサイクルにわたって設備の健全性・信頼性を確保するための検査,試験,補修などの一連の作業・管理体制を指すエレメント.プロセス事故を顕在化させないための設備設計と維持は直接的にプロセス安全に影響する.

- プログラム説明書/ポリシーの作成
- 設備資産の健全性エレメントの範囲決定
- 規格に基づいた設計・検査試験・予防保全(ITPM)タスクの実施
- 十分な能力要件をもつ人材の登用
- 新たな知見に基づくプラクティスの更新
- ユニットレベルでのプラクティスとして情報を広く発信する,また継続的な改善を促進する手段の確立
- 設備資産の健全性エレメントと他の目標の統合
- 設備資産の健全性エレメントに含めるべき機器・システムの特定
- ITPM プランの策定
- 機器の状態が変化した場合の ITPM 計画の更新
- 点検,テスト,修理,その他重要な保守作業の手順開発
- 従業員および協力企業へのトレーニング
- 検査員が適切な資格を有していることの確認
- 適切なツールの提供
- プラント立上げ時の初期検査・試験の実施
- テスト・点検の実施

- キャリブレーション，調整，予防保全と修繕業務の実施
- メンテナンス活動の計画，管理，実行
- 補修部品・メンテナンス資材の品質確保
- オーバーホール，修理，テストが安全性を損なわないようにする．
- 故障につながる状態に迅速に対応する．
- 試験・検査報告書の確認
- 結果を検証し，より大きな問題を特定する．
- システマチックな手法による慢性的な障害の調査
- 保守・修理活動の計画
- データの収集と分析
- 点検頻度・点検方法の調整
- 必要に応じた追加検査・試験の実施
- 計画の変更またはその他の是正措置
- データの所定期間の保存

## 協力会社の管理

近年，組織最適化のためこれまで組織が内製していた業務のアウトソーシングが進んできている．プラント設備のリスクに関連する業務を組織外の人間に任せることになるため，組織の壁を越えた管理体制が重要となる．

- 一貫した実行の確立
- 協力企業管理が必要な場合の特定
- 十分な能力要件をもつ人材の登用
- プラクティスの有効性の維持
- 適切な協力企業の選定
- 安全プログラムの実施とパフォーマンスに対する期待，役割，責任の確立
- 協力企業従業員への適切な教育の実施
- 安全パフォーマンスに関する企業の責任を果たす．
- 協力企業の選定プロセスに対する監査の実施
- 協力企業の安全パフォーマンスの監視と評価

## 変更管理（management of change：MOC）

変更により新たなプロセスリスクが導入されてしまうと，プロセス事故の可能性が増してしまう．そのためプロセス・設備・マネジメントシステムの変更が新たなリスクを増やさないよう，適切なレビュープロセスが重要．

118    4 安全管理

- 一貫した実行の確立
- 十分な能力要件をもつ人材の登用
- MOC 実践の有効性を維持する.
- MOC システムの適用範囲の明確化
- あらゆる変化の要因を管理する.
- 変更を管理するための適切な入力情報の提供
- MOC 審査プロセスへの適切な技術的厳密さの適用
- MOC 審査員に適切な専門知識とツールをもたせる.
- 変更の承認
- 変更許可者が重要な問題に対処できるようにする.
- 記録のアップデート
- 従業員との変更に関するコミュニケーション
- リスクコントロールの実施
- MOC 記録の維持

**運転準備**

　運転準備とは，運転停止後の再稼働前の安全な状態の確認プロセスのこと．運転停止から設備稼働の間には，停止期間，停止の理由，停止中に行った作業などプロセス安全に関連するさまざまなパラメータが存在する．それらのパラメータに応じて適切な再稼働前の安全確認を行うことが重要．

- 一貫性のある実装の実現
- 運転準備審査プラクティスの種類とトリガーの決定
- 運転準備審査の範囲の決定
- 十分な能力要件をもつ人材の登用
- 運転準備審査プラクティスの有効性維持の保証
- 適切なインプットの提供
- 適切なリソースと人材の関与
- 適切な業務プロセスの適用
- エレメント業務の真摯な実行
- エレメント業務成果物の作成
- スタートアップに影響する重要事項の検討
- 運転準備審査からの決定とアクションを伝える.
- リスクコントロールの実施

- プロセス安全に関する知識・記録の更新
- エレメント業務記録の維持

## 操業の遂行

操業に関わる人のパフォーマンスはプロセス安全（プロセス事故発生）に密接に関連する．操業の遂行とは，業務上および管理上のタスクを慎重かつ構造的に実行すること（規律と業務体系/マネジメントシステム）である．複雑な運転が求められる設備になるほど，確実な操業の遂行が重要となる．

- 役割と責任の明確化
- パフォーマンスの基準を設定する．
- プログラムの有効性を検証する．
- 手順書の遵守
- 安全な作業手順（やプラクティス）を守る．
- 有資格者の活用
- 適切なリソースの割当て
- 作業者間のコミュニケーションの正式化
- シフト間のコミュニケーションの正式化
- ワークグループ間のコミュニケーションの正式化
- 安全運転範囲と運転上の制限条件を守る．
- 危険エリアへのアクセスと従業員滞在率のコントロール
- 機器・資産の責任者とそれらへアクセスする際の規則の正式化
- 機器の状態の監視
- 良好な業務環境の維持（清掃など）
- ラベルの維持
- 照明の維持
- 機器・工具のメンテナンス
- 細部までの観察と確認の強調
- 疑問をもつ・学び続ける姿勢の重要性の強調
- 危険を認識するように従業員を教育する．
- セルフチェックとグループ内でのチェックを行うよう従業員を教育する．
- 行動規範の確立
- 説明責任の遂行
- 継続的な改善への取組み

*120*    4　安全管理

- 職務遂行のための適性を維持する.
- 現場検証の実施
- 逸脱を即座に修正する.

## 緊急時の管理

　事故による影響は適切な緊急時対応によって大きく削減することができる. 可能性のある緊急事態の想定と対応計画, 計画を実行に移すリソースの準備, 訓練を通しての緊急時対応計画の継続的改善, 緊急時のコミュニケーション手段の明確化などにより緊急時の対応の効果を上げる必要がある.

- プログラムの作成
- 責任者の指定と役割・責任の明確化
- プログラムの範囲を定義する.
- 十分な能力要件をもつ人材の登用
- ハザードに基づく現実に起こり得る可能性の高い事故シナリオの特定
- 上記の事故シナリオの評価
- 計画に適用する事故シナリオの選定
- 防護のための対応策の計画
- 緊急事態を積極的に収めるための対応策の計画
- 緊急時対応計画書の作成
- 緊急時対応のための物理的な施設・設備の準備
- 関連する施設・設備の保守・テスト
- ユニットオペレーターの対応が適切かどうかの判断
- 緊急対応チームメンバーの訓練
- 連絡体制の計画
- 全従業員への周知と教育
- 緊急事態対応計画の定期的な見直し
- 緊急避難訓練・緊急対応訓練の実施
- 卓上演習の実施
- クライシス・コミュニケーションの実践
- 演習, ドリル, 実際の対応に対する講評
- 評価・監査の実施
- 発見された事項とリコメンデーションへの対応

**事故調査**

　組織の事故調査能力を上げることは経験から学ぶ効率を高める．これには，プロセス事故の調査のためのリソース計画，実施，レポート化，追跡調査を含む．また，一連のプロセス設計，および再発する可能性のある事故を特定するための事故傾向分析を含む．

- 全社的に一貫したプログラムの実施
- 事故調査エレメントの対象範囲の適切な定義
- 十分な能力要件をもつ人材の登用
- 事故調査の有効性のモニタリング
- 事故の可能性があるすべてのソースを監視する
- すべての事故が報告されていることの確認
- 迅速な調査開始
- 調査時の適切なデータ収集
- 緊急時対応管理部門との連携確認
- 効果的なデータ収集方法の使用
- データ解析のための適切な手法の使用
- 適切な深さでの原因究明
- 調査プロセスに技術的な厳密さを求めること．
- 調査担当者への適切な専門知識・ツールの提供
- 効果的なリコメンデーションの提言
- 事故調査レポートの作成
- 事故原因とリコメンデーションの明確な関連づけ
- リコメンデーションの解決
- 調査結果を社内で共有する．
- 調査結果の外部への情報発信
- 事故調査記録の管理
- 報告されたすべての事故を記録する．
- 事故傾向の分析

**測定とメトリクス**

　事故が顕在化する前に，その兆候（事故を発生させる可能性がある根本的な問題）を察知し改善することが重要である．そのような兆候には，例えばマネジメントシステムの劣化や組織文化の劣化などが挙げられる．リアルタイムに組織の

プロセス安全管理のパフォーマンスを測定することが望ましい.

- 一貫性のある実施状況の確立
- メトリクス収集と報告の対象（事故の誘因となるもの）を決定する.
- メトリクスの範囲が適切であることを確認する.
- 十分な能力要件をもつ人材の登用
- メトリクスの実践を効果的に保つ.
- エレメントに対する適切なメトリクスの導入
- メトリクスの収集と更新
- 指標をまとめ，有用な形で伝える.
- RBPS エレメントを改善するためにメトリクスを活用する.

## 監 査

監査は RBPS のマネジメントシステムがその目的を果たせているかを評価するために体系的に実施する［負の側面だけでなく，機会（opportunities）も同時に確認］.

- 一貫性のある実施状況の確立
- 十分な能力要件をもつ人材の登用
- 監査が必要な時期の特定
- 監査の準備
- 監査範囲とスケジュールの決定
- チームを編成する
- 事前情報の収集
- 現地での活動計画
- 監査の実施
- 監査内容を文書化する
- 監査指摘事項および勧告への対応
- 各設備の RBPS の成熟度を経時的にモニターする.
- ベストプラクティスの共有

## マネジメントレビューと継続的な改善

マネジメントシステムの失敗や欠陥はすぐにはパフォーマンスの劣化として目に見えてくるものではない．マネジメントレビューとは，マネジメントシステムの健全性をプログラム実施の遅れなどの兆候から定期的にチェックすることで，パフォーマンスの劣化が顕在化する前に特定し是正するための仕組みである（位

置づけとしては，日々の業務と公式監査との間を埋めるマネジメントによる実態把握のためのレビュー）．

- 役割と責任の明確化
- パフォーマンスの基準を設定する．
- プログラムの有効性を検証する．
- レビューの準備
- レビュー範囲の決定
- レビューのスケジュール決定
- 情報の収集
- プレゼンテーションの準備
- レビューの実施
- レビューの文書化
- レビュー結果・リコメンデーションへの取組み
- 継続的な改善への取組み
- 現場検証の実施

RBPS の 20 エレメントを並列に見ると，マネジメントシステムで必要となる PDCA サイクルが見えにくくなる傾向があるが，それぞれのエレメントに関する改善プログラムのための PDCA とともに，20 エレメントの結果は操業上の安全管理であるため"操業の実行"という操業マネジメントシステムに全エレメントの結果が集約された PDCA も形成することになる．図 4.5 にこのマネジメントシステム観点での 20 エレメントの関係性と，ハザードの同定とリスク解析から得られたリスク情報を具体的に活用していく流れのイメージを図示した．また必要な具体的なリスク情報を表 4.2 にまとめる．

| RBPS ピラー | RBPS エレメント | MS 構築フロー | リスク情報フロー |
|---|---|---|---|
| プロセス安全を誓う | プロセス安全文化<br>規範の遵守<br>プロセス安全能力<br>従業員の参画<br>利害関係者との良好な関係 | 規律と積極的関与 | |
| ハザードとリスクの理解 | プロセス知識管理<br>ハザードの同定とリスク解析 | 技術 | ハザード管理台帳 |
| リスクの管理 | 運転手順<br>安全な作業の実行<br>設備資産の健全性と信頼性<br>協力会社の管理<br>訓練と能力保証<br>変更管理<br>運転準備<br>操業の遂行<br>緊急時の管理 | 制度 | |
| 経験から学ぶ | 事故調査<br>測定とメトリクス<br>監査<br>マネジメントレビューと継続的な改善 | フィードバック | |

■ 基礎, ★ 起点, ● 実行

**図 4.5** RBPS 20 エレメント間の関連性
［ストラトジック PSM 研究会, 2022］

## 4.7 ライフサイクルマネジメント

第 2 章 2.8.4 項で紹介した IEC 61508(2010)/61511(2017)で提唱されているライフサイクルマネジメントの概念は安全計装システム（SIS）に特化したものであるが，設備設計に内在するハザードおよびリスクを把握したうえで安全設備にリスク削減要求としてリスクアロケーションを実施し，SIS の設計や操業期間の維持管理を機能要求に従って行う必要があると述べており，プロセス安全管理の考え方を SIS に特化して表現しているともいえる（図 4.6）．PSM 14 エレメントや RBPS 20 エレメント型を導入する場合にも SIS の管理に関してはライフサイクル型が求められることになる．

SIL という機能要求を維持管理するだけでなく，最初に機能要求マネジメントプランを作成すること，SIS の機能要求を安全要求仕様書（SRS）に記録すること，定期的に機能安全アセスメント（FSA）と呼ばれる監査を行うことなど，マネジメントシステムとして重要なアクティビティも規定されている．

4.7 ライフサイクルマネジメント **125**

表 4.2 RBPS 20 エレメント間で考慮すべきリスク情報

| ピラー | エレメント | とくに考慮すべきリスク情報 |
|---|---|---|
| プロセス安全を誓う | プロセス安全文化 | プロセス安全（PS）への共通価値観醸成，リスクへの認識・システムの脆弱性への理解，コミュニケーション活性化<br>目指す安全文化モデルの共有 |
| | 規範の遵守 | 法規（高圧ガス保安法）の確認，規格類（国内・海外）の確認 |
| | プロセス安全能力 | プロセスエンジニア・プロセス安全技術担当者の指定，知識の体系化，および図書・DB 化と情報へのアクセス性向上，知識の集約，外部有識者の活用 |
| | 従業員の参画 | 積極的な安全情報へのアクセスと自己リスク評価，プロセス安全手順への改善提案 |
| | 利害関係者との良好な関係 | ステークホルダーの同定，コミュニケーション方法の確立，適切な情報の共有と定期的なコミュニケーションの維持 |
| ハザードとリスクの理解 | プロセス知識管理 | SDS（安全データシート），基本設計情報 |
| | ハザードの同定とリスク解析 | HAZID からの自然災害対応，設備リスク情報・改善提案，HAZOP/LOPA からのプロセスリスク情報・改善提案 |
| | | 高リスクプロセス想定事故シナリオ，安全装置の設備管理機能要求，安全対策の機能要求 |
| リスクの管理 | 運転手順 | 安全運転範囲情報，高リスクアラーム対応手順，高リスク削減寄与，安全装置の日常点検（パトロール項目） |
| | 安全な作業の実行 | 作業許可申請（permit to work：PTW）システムのリスク情報による審査，リスク情報をベースとした作業許可マニュアル（MOPO） |
| | 設備資産の健全性と信頼性 | 定期点検・補修（高リスク起因事象・安全装置の定期目視検査），定期検査（高リスク起因事象・安全装置の定期起動検査），定期修繕（高リスク起因事象・安全装置の定期起動検査） |
| | 協力会社の管理 | 協力会社の MS 事前評価，協力会社の MS 有効性モニタリング |
| | 訓練と能力保証 | プロセス想定事故シナリオに基づく運転訓練の実施，バリデーションプログラム（事故情報などからのプログラムへのフィードバック） |
| | 変更管理 | 想定事故シナリオやリスク評価に影響を与える設備変更の抽出と HIRA 再評価，RBPS-MS 実施に影響を与える組織の変更抽出と MS 改訂 |
| | 運転準備 | 運転開始前レビューの実施（PSSR），結果の評価と運転開始判断 |
| | 操業の遂行 | 運転手順等の遵守，安全運転域内での運転努力，事故シナリオとリスクを意識した運転対応（高リスクアラームなど） |
| | 緊急時の管理 | 緊急時手順（自然災害），緊急時手順（プロセス事象） |
| 経験から学ぶ | 事故調査 | 事故調査と根本原因の把握（技術，ヒューマンファクター，MS，文化など），リスクアセスメントへのフィードバック，MS へのフィードバック |
| | 測定とメトリクス | 重要達成度指標（KPI）の取得による MS 効果測定と改善，KPI の取得による PS 技術レベル測定と改善 |
| | 監査 | 監査による MS 効果測定と改善，監査による PS 技術レベル測定と改善 |
| | マネジメントレビューと継続的な改善 | マネジメントレビューによる MS 効果測定と改善，マネジメントレビューによる PS 技術レベル測定と改善 |

［ストラトジック PSM 研究会, 2022］

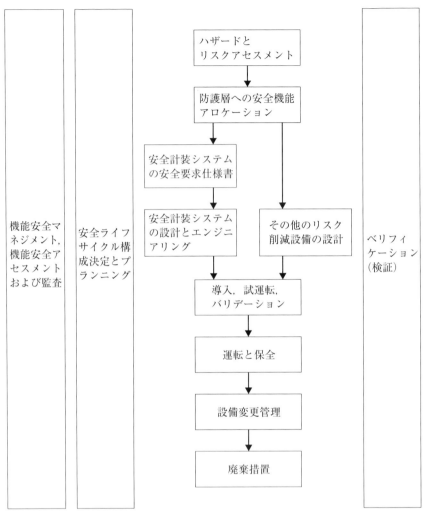

図 4.6 IEC 61511 のプラントライフサイクル概念図
[International Electrotechnical Commission (IEC), 2017b]

## 4.8 6ピラー

RBPS 20 エレメントが米国化学工学会の推奨するモデルであるのと同様に，6 ピラーと呼ばれる英国化学工学会が推奨する PSM モデルも存在する [ISC, 2014].

6ピラーにも IEC 61508（2010）/61511（2017）で示されているライフサイクルマネジメントの概念が導入されている.

6ピラーと呼ばれる6本の柱は以下に定義されている.

- 知識と能力要件
- エンジニアリングと設計
- システムと手順書
- 保証
- ヒューマンファクター
- 文化

この6ピラーに関してライフサイクルフェーズごとに重要要素を定義する形で与えられている. 6ピラーのエレメントは表4.3の通りである.

## 4.9 セーフティケース

### 4.9.1 石油・ガス分野

1992年に英国の洋上プラント設備向け法規として確立されたのがセーフティケース法である. セーフティケースとは洋上プラントの"操業が安全に行える"ことを意味しており, 洋上プラント操業事業者自らが"リスク"という指標を用いて安全性を証明すること, および安全を維持するための機能要求を操業管理のために設定することが合わせて求められている（図4.7）.

"安全であること", すなわち"リスクが実行可能な限り合理的な範囲で低減されていること（ALARP）"を証明するために第2章2.8節で紹介したリスクアセスメント手法を一通り実施することが通例となっており, これらのリスクアセスメント一式をフォーマルセーフティアセスメントと呼んでいる.

また第2章2.8.13項で紹介したハザード/リスク管理台帳およびリスク削減のために必要な安全設備・対策で重要となるSCEに対する"機能要求管理台帳"を整備することも必要となる.

セーフティケースは"リスク"をプラントの"ライフサイクル"を通して管理する体系をシンプルに要求した枠組みとなっており, プロセス安全管理の重要ポイントが押さえられている. 非常にわかりやすい枠組みであるため, 現在では英国以外の国やさまざまな業種に"セーテフィケース"コンセプトの導入が広がっている.

128    4 安全管理

表4.3　6ピラー

| ライフサイクルフェーズ | 知識と能力要件 | エンジニアリングと設計 | システムと手順書 | |
|---|---|---|---|---|
| リーダーシップ | 組織における知識と能力の重要性が証明される 十分なリソースが確保されている | ロバストな工学的決定をサポートする システムが安全でないことよりも安全であることを証明することに重点を置く | 強固で実践的な管理システムを導入し, 全員がそれに従うこと. システムを維持するために十分なリソースを確保すること | |
| 設備設計 | 設計エンジニア, オペレーションスペシャリスト, 掘削工, 科学者, その他のHSSE (health, safety, security, environment) 分野, その他のエンジニアリング分野 | 立地と配置, 本質的安全設計, ハザードとリスクアセスメント, 工学的安全システム, 材料仕様, テスト能力を含む安全上重要な要素, 変更管理, 他のエンジニアリング分野との連携, ライフサイクルコストアプローチ | 設計上の危険管理, 変更管理, 運転・保守手順の作成, 緊急時手順の作成 | |
| 建　設 | 建設監督者, 作業員, 掘削者, エンジニア, 検査員, 試運転チーム, 最終的な操業チームへの知識の移転 | 建設時にプロセス設計が損なわれないようにする, 材料仕様の品質保証, 試運転のための仮設設備の使用と撤去, ハザードおよびリスクアセスメント, 変更管理 | 製造および試験基準, 安全作業システム, 全体を通しての品質保証, システムチェック, 個々の機器 (コンプレッサーなど) の試運転, 運転およびメンテナンス担当者のトレーニング | |
| 運転, メンテナンス, 継続的な健全性 | 運転, 掘削, 保守, エンジニアリングの各担当者, 監督者/管理者, 専門請負業者 (検査を含む), エンジニアリングの技術的権限と支援, 運転およびプロセスの技術的権限と支援, 上級管理職のプロセス安全リスクに対する意識の向上, 全員を対象とした再教育, 検査の技術的権限と支援 | 検査・試験を含むアラーム管理, 変更管理, 修理に使用されるスペアや機器の品質が当初の設計仕様に適合していることの確認, 寿命延長, 設計からの逸脱 (エクスカージョン) の管理, 検査・試験方法がプラントの完全性を損なわないことの確認, ハザードとリスクアセスメント, リスクに基づく検査とメンテナンス | 標準作業手順, 安全作業手順, 逸脱とトラブルシューティング, 緊急時対応訓練, 運転エンベロープ, ハザードとリスクアセスメント, メンテナンス手順と方法, 検査とテスト手順と方法, 事故調査 | |
| 廃止措置または廃棄 | 技術者, 掘削技師, 監督者/管理者, 専門請負業者, 環境処理スペシャリスト, 緊急対応および後片付け | 隔離設計, 洗浄・清掃設備, 有害物質の処分, 原状回復, 危険性・リスク評価, 変更管理 | 標準作業手順, 安全作業手順, 緊急時対応, 危険とリスクの評価, 解体スケジュール, 環境許可, セキュリティ手順, イベント調査 | |

［IChemE Safety Centre (ISC), 2014］

## 4.9 セーフティケース

### モデルのエレメント

| 保 証 | ヒューマンファクター | 文 化 |
|---|---|---|
| 組織内で保証プロセスの価値が認識されている．よい結果を疑い，悪い結果を受け入れる．プロセスを十分に深く掘り下げること | 人的要因のあらゆる側面が組織の安全に影響を及ぼすことを認識すること．人的要因による影響を最小化するために，十分な資源と計画が実施されていること | 公正で公平な企業文化．従業員が自らの貢献に責任をもち，権限を与えられている |
| 設計承認，安全上重要な要素，健康・安全・環境・セキュリティのレビュー，さまざまな設計段階を進めるための権限，学んだ教訓 | 設計チームのモチベーションを高め，権限を与え，協力企業やコンサルタントと協力し，HMI（human machine interface）設計を考慮した設計を行う | 操作性，利害関係者との協働，規制当局との協働，通常の管轄区域外での作業，運用・保守要員の関与 |
| 全体を通しての品質保証基準の適用，設計と建設から未解決のアクション・アイテムのクローズアウト，スタートアップ前のレビュー，機械の完成と引渡し，安全上重要な要素のテスト | 複数の国籍，文化，言語をもつ労働者，出来事の報告と調査，労働争議の防止，仕上げ作業からの離脱，疲労，組織変更と移行管理 | 労働者の参画，危険とリスクの理解，企業文化を推進する取締役会と経営陣の意思決定 |
| 先行指標と遅行指標，システム監査，内部監査プログラム，外部プロセス安全性監査，規制当局の検査／監査，保守・検査監査，保守・検査・試験方法に関するベストプラクティスの共有，安全上重要な要素の検査 | 手順書，アラーム処理と制御室の設計を含む操作性，保守性，リスクと危険に対する認識，長期的なモチベーションと運転・保守要員の能力向上，専門的能力開発，請負業者，コンサルタント，地域社会，規制当局との協力，安全に関する重要なコミュニケーション，疲労，組織変更と移行管理 | 労働者の参画，危険とリスクの理解，企業文化を推進する取締役会と経営陣の決定と行動，上級管理職の可視化，安全文化の段階的向上 |
| 現場視察，解体・撤去時の品質保証，解体工事の環境処理，自然状態への復帰 | 手順書，施工性，リスクと危険に対する認識，解体作業員の多国籍な文化や言語，余剰人員となる予定の作業員のモチベーションの維持，安全上重要なコミュニケーション，疲労，組織の変化と移行管理 | 労働者の参画，危険とリスクの理解，企業文化を推進する取締役会と経営陣の決定，上級管理職の存在感向上 |

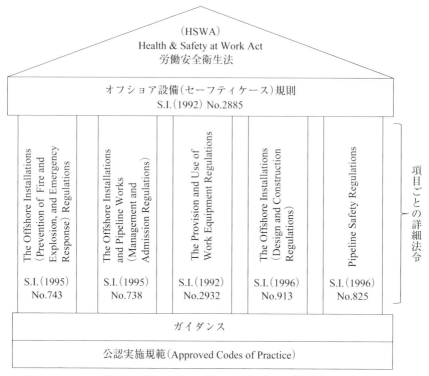

図 4.7　英国オフショアセーフティケース法体系
[Mather, 1995]

### 4.9.2　危険な操業活動が内在するその他の業界

　セーフティケースのコンセプトは，今では危険性が高い業界（原子力，軍事）や危険性のあるオペレーションが必要な業界（航空，鉄道）などさまざまな業界でも採用されている．

　こうした分野のセーフティケースは，安全性の"保証"という考えが色濃くなり，安全性を証明（保証）するために必要となる証拠書類を網羅的に抽出するアプローチが採用されるようになってきている．"安全であること"を論理分解する手法には，CAE（claim, argument, evidence）法や GSN（goal structuring notation）法などが存在する．

　石油・ガス業界のセーフティケースがフォーマルセーフティアセスメントで構

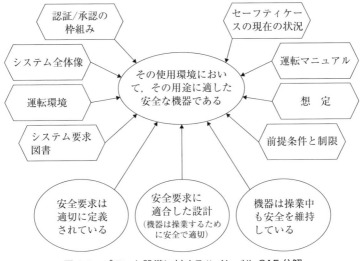

**図4.8 プラント設備に対するハイレベルCAE分解**
［Ye, 2012］

成されるのに対して，これらの業界のセーフティケースはCAEやGSNを用いてゴールを達成するために必要な要素をあらかじめ論理的に導きだしたうえで構成される．

化学プラントの安全性をCAE分解する場合は，大きく以下のように分解できる（図4.8）．

- リスククライテリアや安全マネジメントシステムなどの安全管理要求が定義されている（ここでは法規要求などもこのカテゴリーに含むものとする）．
- 設備設計が安全要求定義の通り実施されている（想定事故シナリオ・リスクに基づく設計）．
- 操業期間の安全性が維持できる（機能要求管理）．

これらサブクレームを担保するための証拠として，石油・ガス分野と同様なフォーマルセーフティアセスメントや管理台帳，またマネジメントシステムなどの整備を示していくことになる．

CAE分解手法はいろいろなことに応用することができる．表4.4に1988年に起きたパイパーアルファ事故の原因をCAEテンプレートで分解した事例を示す．プラントの全体的な安全性の分解だけでなく，事故事例の分析に適用したり，またはプロジェクト初期にCAE分解を実施することでゴールを達成するた

表 4.4 パイパーアルファ事故（1988）の事故原因とそこから考えられる安全必要要件

| | 事故時の事象 | CAE 手法による必要な安全要件の抽出 |||
| | | 主張 (claim) | 論拠 (argument) | 証拠 (evidence) |
|---|---|---|---|---|
| 1 | 作業許可申請（permit to work：PTW）の不全 | 運転安全管理システムによる安全運転管理 | PTW によりスタートアップ時の運転員エラーの低減 | PTW システム手順書<br>運転員トレーニング |
| 2 | 区画防壁への耐爆不考慮 | 区画防護壁により区画をまたいでの事故被害拡大防止 | 区画壁への想定事故シナリオ火災・爆発荷重考慮 | HAZOP<br>事故頻度解析<br>火災・爆発解析<br>事故荷重計算書 |
| 3 | ガスパイプライン ESD（emergency shut-down）システムの不考慮 | パイプライン破裂時のガス流入遮断機能 | ガスパイプライン遮断 ESD システム | HAZOP/SIL<br>信頼性評価<br>動作時間確認 |
| 4 | 防消火ポンプの自動起動オーバーライド | 運転安全管理システムによる安全運転管理 | 防消火ポンプ定期メンテナンスのタイミングの管理 | 作業許可申請システム<br>メンテナンス手順書<br>MOPO（manual of permitted operations） |

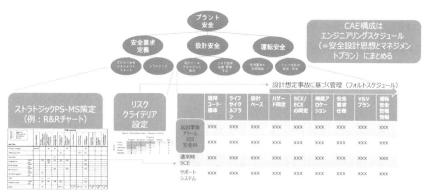

図 4.9 CAE 法を用いて抽出した PSM 必要要件イメージ
［ストラトジック PSM 研究会, 2022］

めの戦略を策定するなど幅広く使える有用な手法である．

プラントの安全性証明を行うフレームワークを CAE として示したものを図 4.9 に示す．PSM を実装する際には CAE にて全体フレームワークを理解することが有効である．5.2 節にて，PSM 実践での CAE の活用についても紹介する．

# 5

# リスクベースマネジメントシステムの実践

第 1 章から第 4 章までで，リスクベースプロセス安全管理を実施するうえで
必要な基礎的事項について述べてきた．これらにはプロセス安全の技術側面と
PSM の理論側面が含まれている．

実組織にリスクベースプロセス安全管理を実装していく際には，実践的な知見
やスキルも重要となる．本書で説明する SPSM コンセプトは，図 5.1 に示すよう
に PSM 理論と PSM 実践の重なる部分を解説するものである．また PSM 実践に
はプロセス安全技術も必須であるが，それは PSM 理論のうちリスク情報を活用
する管理台帳を整備する部分がこの橋渡し部分となる．この部分はデジタルツー
ルを活用することで強化することができる．

本章ではリスクベースマネジメントシステムを実践する際に有効なマネジメン
ト技術について紹介する．

リスクマネジメントプロセスの技術側面からの概要は第 2 章 2.2 節にて解説済
みであるため，本章ではとくにリスクマネジメントプロセスの中でも管理側面で
重要となるサブ要素について取り上げることとする．

本章で解説する技術は以下の項目となる．

- プロセス型マネジメントシステムの導入
- ゴール達成に必要な要素の定義
- ストラトジーの設定と共有
- 組織の構築
- マネジメントシステムの構築
- マネジメントシステムベースラインの設定
  ➤ ポリシー

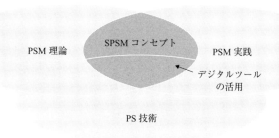

**図 5.1** PSM 実践と PS 技術・PSM 理論のギャップ
［ストラトジック PSM 研究会, 2022］

- ➢ プラン［5W1H，長期・短期，バウンダリー（関係会社，協力会社など，および法規の谷間など）］
- ➢ 手順書（COO：conduct of operation と OD：operational discipline），手順書マネジメントシステム，安全運転域，HF（human factors））
- リスクマネジメントの実行
  - ➢ リスクプロファイルの把握
  - ➢ ハザード管理台帳による操業管理
  - ➢ ワークブレークダウンストラクチャー（WBS）
  - ➢ 機能要求の管理
  - ➢ MOPO
  - ➢ 意思決定
  - ➢ 妥当性の証明
- 変更管理
- KPI
- 事故調査
- マネジメントシステムの統合

## 5.1　プロセス型マネジメントシステムの導入

　リスクベースプロセス安全管理のマネジメントシステムとしては，PDCA サイクルを回していくことが基本となるが，表 5.1 に示すようにマネジメントシス

## 表 5.1　マネジメントシステムの型

| | 図書型（規範型） | プロセス型（リスクベース型） |
|---|---|---|
| イメージ | ポリシー／プラン（要領書）／手順書 | ゴール／ストラトジー／プロセス |
| 適用状況 | 日本従来型<br>労働安全マネジメント | ―<br>プロセス安全マネジメント向き |
| 特徴 | 手順書を準備すべき項目が明確な対象の場合，必要最低限のルール設定が可能 | ストラトジーに合わせてプロセス，組織を設定，手順は考えさせる<br>手順を設定すべき項目出しが難しい対象向き |
| RBPS 対応との親和性 | × | ○ |

［ストラトジック PSM 研究会, 2022］

テムの型として図書型とプロセス型の2種類が存在する．従来型の安全マネジメントシステムは図書型で構築されてきている．その名の通り安全管理に必要なポリシー–プラン–手順書という規程を確立することでマネジメントシステムを構成するものである．一方でプロセス型はゴール–ストラトジー–プロセスで表現されるもので，ゴール（リスクを最小化すること）を達成するためのストラトジーを（内的要因，外的要因を考慮したうえで）確立したうえでリスクマネジメントプロセス（ハザードの同定–リスクアセスメント–リスク削減策と機能要求の立案・維持–ALARP の確認）を組織の全員が実行していくというものである．リスクベース化される場合にはこのプロセス型が適しているといわれている．

　既設の設備をもつ操業組織では，プロセス安全に限らず一般安全マネジメントシステムとして図書型で構築済みである場合がほとんどである．ここにリスクベースプロセス安全管理を導入する場合には，既存の図書型システムにプロセス型マネジメントシステムを統合していく必要が出てくる．プロセス型のリスクベースプロセス安全マネジメントシステムもリスクベースアプローチに則ったポリシー–プラン–手順書で構成される規程は必ず必要になる．そのためリスクベースプロセス安全管理の図書類を合わせてつくっていくこと，また組織内でリスク

マネジメントプロセスを回していくことを徹底することが重要となる．実操業管理業務の中でリスクマネジメントプロセスを回すことは煩雑な作業を伴うことになるので，このプロセスを組織内に浸透させるためにはリーダーシップとデジタルツールで後押ししていくことが効果的である．

第4章4.6節で紹介しているRBPS 20エレメントも，リスク情報をもとに各エレメント間のインターフェースを確立していくことが重要であるが，このリスクマネジメントプロセスをリーダーシップとデジタルツールを用いることで組織内に効率的なリスク情報フローを構築することができるようになる．筆者らは，このリスクベースプロセス安全マネジメントを組織に戦略的・実践的に導入するためのモデルのことをストラトジックPSM（SPSM）コンセプトと定義した（図5.2）．

SPSMコンセプトの達成イメージをRBPS 20エレメントモデルで説明したものが図5.3となる．RBPS 20エレメントは，実操業プラント組織において複数の部署に別々に割り当てられている．"リスク情報"によってこれら複数部署にまたがる20エレメントをつなぐことで，操業時の安全を常に改善しながら担保していくことができる．単純にリスクマネジメントプロセスの採用だけをルール化しても実業務の中ではなかなか定着しにくい．そこでリーダーシップによる牽引とツールを活用することでRBPSの実行力を高めるのが戦略的導入であり，SPSMコンセプトの意味合いである．

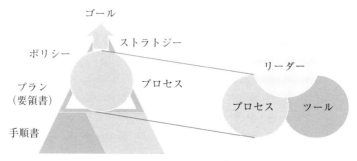

図5.2　SPSMコンセプト
［ストラトジックPSM研究会, 2022］

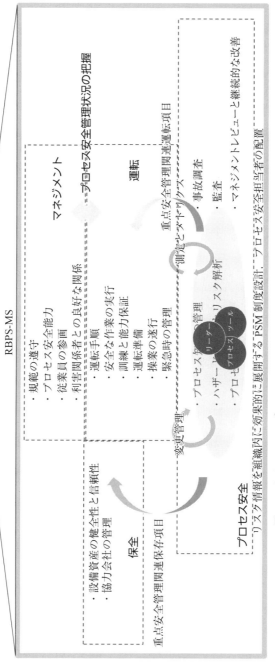

図 5.3 SPSM コンセプトによる RBPS 20 エレメント間のリスク情報フローの強化
リスク情報を組織内に効果的に展開する PSM 制度設計，"プロセス安全担当者の配置"，"マネジメントレビューと継続的な改善"
[ストラトジック PSM 研究会，2022]

## 5.2 ゴール達成に必要な要素の定義

　リスクベースプロセス安全マネジメントシステムを構築することは，大目的であるプラントの安全性を担保するために“リスクベースアプローチ”を用いた組織，制度設計を行うことを意味する．

　プラントの安全を担保するためには，プラント安全を達成するために必要な要素に分解しマネジメントシステム設計の要件として定義することで確実に組織制度に取り込んでいく必要がある．マネジメント設計から実行までの流れを図 5.4 に示す．既設プラントであれば現行のマネジメントシステム情報や PSM を導入するに当たって考慮すべき周辺状況などの情報を入手する．次に現在の状況を技術面およびマネジメントシステム面の双方について分析する．技術面の分析は HIRA 手法を用いてのリスクプロファイルの整備であり，マネジメントシステムの分析では PSM の目的と達成すべきゴールに対して現状の組織・制度設計が不足している部分のギャップ分析を行う．その際 CAE 法でプラントのプロセス安全を達成するために必要な要件に分解すると要件定義の網羅性が高まる．参考として図 5.5 に CAE 分解例を，第 4 章の図 4.9 に CAE 法を用いてプラント安全を必要要素に分解した際のイメージを示した．

　一般的に 1 段階目の分解は以下の 3 要素に分けられる．

- **安全要求の定義**：安全要求の基礎となるリスククライテリアの根拠や，必要要件を適切に管理できることを証明するための操業安全マネジメントシステムを示す大項目．操業安全に関わる業務項目とその責任・担当者を示すレスポンシビリティマトリックスや，必要業務に分解して示した WBS（ワークブレークダウンストラクチャー）などを用いて明確に定義する．
- **設計安全**：リスククライテリアに基づきリスクベースアプローチを用いて想定事故シナリオを整備する．これによりリスクプロファイルが把握できるので，設備設計で必要なリスク削減対策をとる．合わせてハザード/リスク管理台帳を作成し操業管理で維持すべき機能要求を定義する．
- **運転安全**：設計安全で整備された機能要求を維持管理する．また変更管理に付随する想定事故シナリオや関連する機能要求の管理，運転・保守に係る重要業務の準備・実施など．

CAE 分解を採用している英国原子力業界では，CAE 分解の結果をまとめた図

5.2 ゴール達成に必要な要素の定義　139

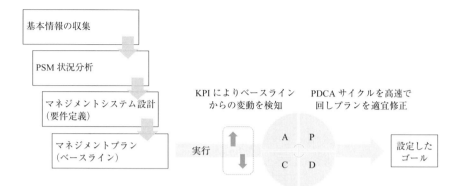

図 5.4　PSM 実装手順

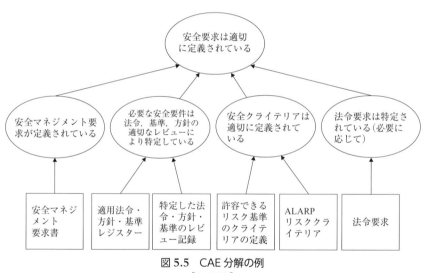

図 5.5　CAE 分解の例
［Ye, 2012］

書と想定事故シナリオの管理台帳を作成する．これらはエンジニアリングスケジュールおよびフォルトスケジュールと呼ばれる．"スケジュール"とは，タイムチャートに代表されるタイムスケジュールではなく，ここではリスト形式でまとめたもののことを指している．エンジニアリングスケジュールの例を巻末の付録に示す．

CAE 分解とエンジニアリングスケジュールにより，ゴールを達成するために

必要な要素（組織的なロールであったり，実施すべき業務アクティビティ）を明確にすることができる．これをベースとして後述する組織やマネジメントシステムの構築を行っていくことが重要である．

## 5.3　ストラトジーの設定と共有

"ストラトジー"は軍隊を統率するという意味が語源といわれる．一般的には，企業が実現したいと考える目標と，それを実現させるための道筋を，外部環境と内部資源とを関連づけて描いた，将来にわたる見取り図のことを指す．より具体的には以下の項目を検討し設定するものとなる．

- どこで競争するか．活動領域の設定
- 資源配分
- いかに競争するか．競争優位性戦略
- 各機能分野で何をすべきか．機能部門における戦略
- 意図された戦略（事前）と創発的戦略（事後）：**戦略にも事後に成り立ってくるものもある**.

リスクベースプロセス安全管理を導入し，ゴールであるプラントの安全（リスクを最小限に管理すること）を達成するための戦略を構築する際には以下を考慮するとよい．

- ゴールの明示（RBPS の場合，ゴールはリスクを最小限にすること，もしくは ALARP であるといえること）およびゴールに到達するまでのストーリーを共有する．
- ゴールを達成していることを示す全体フレームワークを構築する（CAE 手法などを利用）．
- ゴール達成に必要なプログラムを設定し，アクティビティに分解したうえで展開する．
- ゴールを達成する過程で必要となるマイルストーンを設定し，ゴール達成にクリティカルとなる要素を明確化する．
- ゴール達成のため重点的にリソースを割くべき項目の明確化
- 外部ステークホルダーには透明性を保持する．
- 内部ステークホルダーにはコミュニケーションを通じて共有を図る．

戦略立案には，まずは自組織が置かれた状況（外部要因）と自組織の現在地点

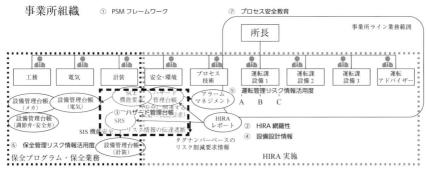

- PSM フレームワーク：リスク情報の活用度合いと，組織としての対応整備度合いの確認（①）
- HIRA：想定事故に関するリスクシナリオの網羅性の確認（②）
- ハザード管理台帳：リスクに基づく PSM の中心となるハザード管理台帳の整備状況確認（③）
- 設備設計情報：HIRA や設備運転・保守を行ううえで基礎となる設備設計情報・安全情報の整備・活用状況確認（④）
- 運転管理：求められるリスク削減値を維持するために必要な機能要求とその管理台帳による運転管理プログラムのアセスメント（⑤）
- 保全管理：求められるリスク削減値を維持するために必要な機能要求とその管理台帳による保全管理プログラムのアセスメント（⑥）
- プロセス安全教育（⑦）

図 5.6　PSM 状況分析例
［ストラトジック PSM 研究会, 2022］

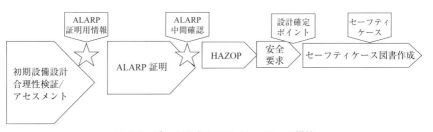

図 5.7　ゴール達成までのストーリーの構築

（内部要因）の把握が重要である．図 5.6 に示すような状況分析を実施したり，図 5.7 に示すようなゴールを達成するためのタイムスケジュールチャートを作成しマイルストーンを明示するとよい．前章で紹介した CAE を用いゴール達成に必要なロールとアクティビティを明確にしたうえでスケジュールチャートを作成すると，ゴールを達成するためのストーリーが提示できるので，内部ステークホルダーとのコミュニケーションを円滑に進めることができる．また，ゴールを達成するために必要なアクティビティの洗い出しにより組織上必要な機能，人材能

力要件も明確に定義することが可能になる．組織の構築であったり，コンピテンシーマネジメントシステムの構築にもこのゴール・ストラトジーの設定が緊密に関係している（後述）．

## 5.4　組織の構築

　組織とは2人以上の構成員が目的を同じとして行動するグループをいう．その効果は，人が集まることで，一人ではできないことができるようになることである．人が集まることによるメリットもあるが，人間のもつ曖昧さを許容できるという特徴から，意思の疎通の難しさや組織の方向性が一致させにくいなどデメリットも考えられる．その人間の曖昧性を許容できる特徴から，逆にあうんの呼吸により作業効率のスピードアップも可能となるなど組織運営は本質的な複雑さを含有している．5.3節で説明した通り，組織での作業効率を上げるための効果的なコミュニケーション達成には，組織の目的を成功するまでのストーリーとして組織内に共有・浸透していくことが重要である．

　大人数の組織になるほど組織形態が重要となる．組織形態はさまざまなものが考えられるが，一般的に以下に示す項目を考慮して設計される．

**指示形態**
- カリスマ型
- 伝統型（文化・慣習的に引き継いできた指示形態）
- 合法型［例えば官僚型（規則・職制に基づく指示）］

**分　業**
- 垂直・水平［同じ業務を水平に分けるか，役割（実務と調整）で垂直に分けるか］
- 職能・事業・プロジェクト型などでの分業

**階　層**
- 階層数は管理幅で決定
  - 幅が広い方が管理業務は増える，階層が少なくなり組織の目的が伝わりやすい．
  - 幅が狭い方が目が届く，階層が多くなり組織の目的浸透までの時間がかかる．

5.4 組織の構築 *143*

**決定権限**

➢ 集権

➢ 分権

**調　整**

➢ インプット（道具・機械・仕入れ）

➢ スループット（マニュアル）

➢ アウトプット（仕様）

とくに複雑な環境（事業規模の拡大や多角化など）に対応するためには，それぞれに対応する能力をもつ高度に分化した組織が必要となる．しかし同時に高度に分化した組織には高度に統合する仕組みが必要となる．そのため部門間の調整をする職務や，部門をまたぐチームや部署を設けることが重要である．

　例えば環境変化が激しい場合と落ち着いている場合で，適切な組織形態は違うなど，唯一最善の組織というものはない．環境の不確実性の高さによって組織形態と分化と統合のあり方を変えていくことも重要である．

　営利組織には，組織の根幹となる事業による社会貢献と，それに応じた対価を得て存続するという大目的がある．一方で，PSM には，とくにリスクベースでプロセス安全管理を行う RBPS の場合，正常な操業状態からずれが生じて事故に向かっていく傾向をつかむことで事故を防止するという，いわば"変動の管理"という別の目的を組織に導入する意味合いがある（図 5.8）．

　この大目的の違いを踏まえること，またプロセス安全管理の複数部署にまたがるタスクを達成するという特徴を踏まえて，プロセス安全管理に当たる組織構成を考慮する必要がある．図 5.9〜図 5.12 に代表的な組織形態を示す．組織の目的達成に必要な機能に区分する機能分化型［ファンクショナル組織（functional organization）］が通常の操業管理で採用されていることが多い（図 5.9）．一方でプロジェクトマネジメント型の組織は図 5.12 に示すタスク型［ストロングマトリックス（strong matrix）］を利用することが多い．これらの中間型組織が図5.10 のウィークマトリックス（weak matrix）と図 5.11 のバランスマトリックス（balanced matrix）である．とくに PSM エレメントや RBPS エレメント型を採用する場合は，エレメントごとの操業のために分化された複数部署が一つに集って活動するタスクチーム活動が効果的であるため，定常組織とは別にタスクチーム活動を実施するためのバランスマトリックス型なども検討するとよい．

　前項までの CAE 手法を用いたゴールを達成するために必要な要素やアクティ

*144*　5　リスクベースマネジメントシステムの実践

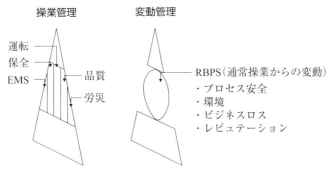

図5.8　PSM/RBPSとその他のマネジメントシステムとの関係
EMS：environmental management system

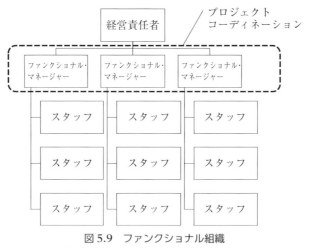

図5.9　ファンクショナル組織
［Project Management Institute（PMI），2008］

ビティレベルまで分解してスケジュールチャート化したストラトジーによって，ゴールを達成するために必要なアクティビティが特定されるため，それを実施するために必要な人材要件（機能），人数（グループ）が見えてくる．この情報をもとにプラントの安全を達成するために必要な組織を構築する必要がある．

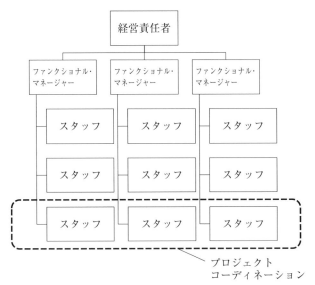

**図 5.10　ウィークマトリックス組織**
［Project Management Institute (PMI), 2008］

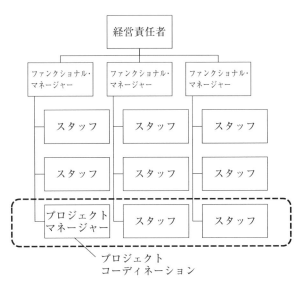

**図 5.11　バランスマトリックス組織**
［Project Management Institute (PMI), 2008］

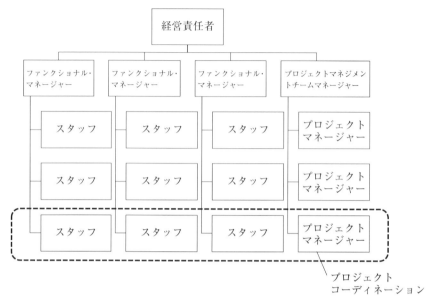

図 5.12 ストロングマトリックス組織
[Project Management Institute (PMI), 2008]

## 5.5 マネジメントシステムの構築

　プラント安全を担保するための必要要素が把握できたら，次に PDCA サイクルに沿ってマネジメントシステムの構成要素を設計していくことになる．図 5.13 に PDCA サイクルに沿って，設定すべき重要項目をマップした図を示す．とくに RBPS 20 エレメントなどエレメント型を採用する場合は，重要項目に加えて 20 エレメントの内容も付加するとよい．実際にはエレメントごとに継続改善のためのプログラムを設定しそれぞれの PDCA を回すというプログラム管理も別途考慮する必要が出てくる．

　表 5.2 に，リスクベースプロセス安全マネジメントシステムを規程化する際の目次例を示す．リスクベースアプローチを採用したマネジメントシステムは従来型よりも複雑なルール設定が必要になるため，やり方・手順に関してはできるだけ詳細に提示することが望ましい．

5.5 マネジメントシステムの構築　　147

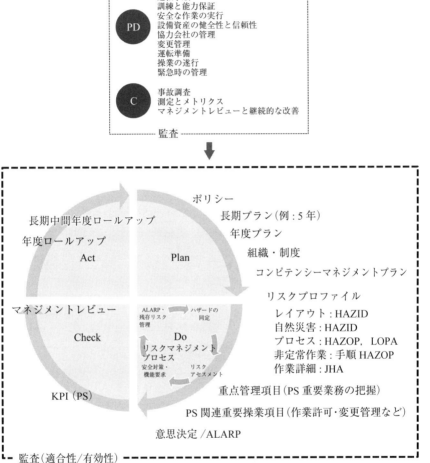

**図 5.13** PDCA サイクルへの RBPS エレメントのマッピングイメージ
注）JHA：job hazard analysis
［ストラトジック PSM 研究会, 2022］

148 5 リスクベースマネジメントシステムの実践

表 5.2 RBPS マネジメントシステム規程構成例

| 章 | タイトル | RBPS-MS マニュアル（本社）—フレームワークの説明 | RBPS-MS プラン（事業所）—プランニング（5W1H） | 補 足 | 他 MS とのインテグレーション |
|---|---|---|---|---|---|
| 1 | マネジメントシステムエレメント（PDCA） | ISO などの PDCA サイクルに準拠 | 同左 | — | 共通 |
| 2 | ポリシー | ポリシーステートメント | 同左 | 指針だけではなく，達成ゴールおよび MS 全体を短くまとめたものにコミット | 共通化可 |
| 3 | 組織&コンピテンシー要件 | R & R，コンピテンシー要件 | 具体的な組織内 R & R とコンピテンシー要件 | PS 管理に関係する組織体系 教育・コンピテンシー管理体系 | 共通化可 |
| 4 | リスクプロファイル | リスククライテリア，リスクマネジメントプロセス | リスクアセスメントプラン 同定された主要リスクシナリオ | リスククライテリア根拠書 スタディ手順書類 | 独立 |
| 5 | 重要安全管理項目 | 代表リスクに対する典型的安全設備と対策 | 主要リスクに対する安全設備と対策 | SCE と PS | 独立 |
| 6 | 操業前安全審査 | リスク削減機能要求過不足の確認 | 具体的なリスク削減機能要求確認項目 | — | 共通 |
| 7 | 操業の実行 | 設備および対策に関する PS-WBS，エレメント間のリスク情報フロー，作業許可申請など | 具体的 WBS および PS に関する業務の 5W1H | | 独立 |
| 8 | 変更管理 | リスクプロファイルに影響を与える変更管理 | 事業所固有の手順 | — | 共通 |
| 9 | 意思決定手順 | リスクプロファイルに影響を与える決定事項の意思決定プロセス，ALARP フレームワーク | 具体的な実行手順に関する 5W1H | | 共通 |
| 10 | モニタリング | 典型的 PS-KPI 設定 | 具体的 PS-KPI 設定 | — | KPI 独立 |
| 11 | 監査 | 社外・社内監査，オーソリティーによるコールドアイレビューなど | 具体的な監査実行計画 | 適合性と有効性の 2 種 | 共通 |
| 12 | マネジメントレビュー | マネジメントのレビュー項目（ポリシーステートメントの充足度判定） | 具体的な改善項目 | — | 共通 |

注）R&R：role & responsibility, SCE：safety critical element, PS：process safety, WBS：work break-down structure, KPI：key performance indicator
［ストラトジック PSM 研究会, 2022］

## 5.6 マネジメントシステムベースラインの構築

　マネジメントシステム実行の基本は PDCA サイクルに沿って行うことになるが，PDCA サイクルの効果を決めるのはそのベースラインをいかによく定義するかである．マネジメントシステムのベースラインはポリシー，プラン，手順書で示すことができるが，PDCA の効果を高めるためには，具体的かつ必要な要件を押さえて作成することが肝要である．以下にポリシー，プラン，手順書作成時の重要となるポイントを解説する．

### 5.6.1　ポリシー

　プロセス安全に関するポリシーはプロセス安全を組織内に根づかせるため最も重要なものであり，トップのコミットメントを明文化するものである．ポリシーを明文化したものを"ポリシーステートメント"と呼ぶ．ポリシーステートメントというと大目標を掲げればよいという向きもあるが，コミットメントの具体的な内容を見える化すると組織全体の方向性が見えやすくなるため目標達成への効果が高くなる．結果として，"行動指針"ではなくマネジメントシステムのプログラムサマリーのような形となる．また目標の達成度が測定できる形で提示することが望ましい．具体的なポリシー（行動プログラム）を設定することで，その達成度をマネジメントレビューで評価し，次年度の計画に展開することができるようになる．

　表 5.3 にポリシーステートメントとして書くべき内容の例を示す．また以下にポリシーステートメントの記載例を示す［HSE, 2011 を参考に作成］．

---

**ポリシーステートメント例**

　私たちは，働き方と日々の行動を通して，すべての従業員と利害関係者を，プロセス災害，労働災害や健康被害のリスクから守ります．また環境リスクの低減に努めます．

**プロセス安全，労働安全・衛生，環境保護ポリシー**

　私たちは，組織全体で職場のプロセス安全と，安全衛生を改善し，さらに環境リスクを低減するための継続的かつ断固とした取組みを行います．

150    5　リスクベースマネジメントシステムの実践

表 5.3　ポリシーステートメントに書くべき内容例

| 章立て例 | 書くべき内容 |
|---|---|
| プロセス安全・安全衛生・環境方針 | 冒頭に方針を述べる |
| 1.　意識 | 会社で働く人々，関連する人々に適用されること |
| 1.1　プロセス安全・安全衛生・環境保護方針ステートメント | 人々の行動を考えるために必要な知識，コミットメント達成のための継続的意識向上 |
| 1.2　コミュニケーションと協議 | 従業員・ステークホルダーとの積極的協議 |
| 1.3　管理の役割と責任 | マネジメントの責任の明記，マネジメントのとるべき行動の明記 |
| 1.4　ハザードの特定 | マネジメントと従業員間の双方向コミュニケーション |
| 2.　能力 | |
| 2.1　プロセス安全・安全衛生・環境保護トレーニング | コンピテンシー維持への努力 |
| 2.2　行動と文化 | リーダーシップ行動規範 |
| 2.3　リスク評価と管理 | マネジメントと従業員間の双方向コミュニケーション |
| 3.　コンプライアンス | 従業員の積極性の向上 |
| 3.1　インシデント調査 | インシデントから学ぶ姿勢 |
| 3.2　パフォーマンスの測定 | 明確な測定対象と透明性 |
| 3.3　安全マネジメントシステム | |
| 3.4　協力会社の改善 | 協力企業への同じ基準の適用 |
| 4.　エクセレンス | |
| 4.1　イノベーティブな職務慣行の開発 | |
| 4.2　利害関係者への影響 | 互いを高めるパートナーシップ |
| 4.3　業務に関連したリスク | 関連リスクを特別に考慮していくこと |
| ポリシーの達成 | ポリシーによるつくられるべき安全文化を明示 |

［Health and Safety Executive(HSE), 2011］

私たちは，私たちの操業活動によって影響を受ける可能性のある従業員およびすべての人々に対して職場での健康と安全を保証します．私たちは，プロセス安全・安全衛生・環境保護に関する法律の要件を遵守します．

私たちは，業界のベストプラクティスの採用を推進し，業界をリードします．

この方針は，職場でのプロセス安全・安全衛生・環境保護がビジネスにとって最優先事項であり，効果的なプロセス安全・安全衛生・環境保護が私たちの持続的発展に必須であるという私たちのコミットメントを示しています．

## 1. 意 識

すべての従業員とステークホルダーは，私たちのビジネスに影響を与えるプロセス安全・安全衛生・環境リスクを認識し，理解しています．

### 1.1 プロセス安全・安全衛生・環境保護方針ステートメント

すべての従業員，協力会社，およびステークホルダーがこのポリシーを認識し，その効果的な実施を保証するために，適切なリソースを提供します．

### 1.2 コミュニケーションと協議

すべての従業員，協力会社，およびステークホルダーの間で活発でオープンなコミュニケーションと協議を行います．プロセス安全・安全衛生・環境保護に関してもこのコミュニケーションチャネルを通じて協議します．

### 1.3 マネジメント層の役割と責任

プロセス安全・安全衛生・環境保護に対する役割と責任は，ジョブデスクリプションとして定義します．シニアマネージャーは次のことを保証します．

- プロセス安全・安全衛生・環境保護のための十分なリソースの提供
- プロセス安全・安全衛生・環境保護のための適切な評価，管理，監視
- 従業員が，プロセス安全・安全衛生・環境に影響を与える問題に積極的に関わること

### 1.4 ハザードの特定

プロセス安全・安全衛生・環境に対するハザードを特定します．必要に応じて，これらのハザードについて，従業員，協力会社，およびステークホルダーに共有します．協力会社とステークホルダーに，私たちの活動に影響を与える可能性のあるハザードを特定するよう依頼します．

## 2. 能 力

すべての従業員とステークホルダーは，業務の中でプロセス安全および安全衛生を推進し，環境へのリスクを最小限にする能力を有しています．

## 2.1　プロセス安全・安全衛生・環境保護トレーニング

すべての従業員は，彼らに影響を与えるプロセス安全・安全衛生・環境保護の問題，および従うべき安全な職務慣行について適切に指導，訓練されています．また私たちは，協力会社とステークホルダーのプロセス安全・安全衛生・環境保護に必要な能力を確保します．

## 2.2　行動と文化

シニアマネージャーは，プロセス安全・安全衛生・環境保護におけるリーダーシップを発揮します．

シニアマネージャーは，プロセス安全・安全衛生・環境保護における問題が特定され，評価され，管理されていることを確認するために職場・作業環境の視察を実施します．また，マネジメントシステムの一環として，従業員はトップマネジメントにプロセス安全・安全衛生・環境保護に関する懸念を提起する権限を有しています．

## 2.3　リスク評価と管理

職場のプロセス安全・安全衛生・環境に関連するリスクを評価します．すべての従業員に，彼らの仕事に影響を与えるプロセス安全・安全衛生・環境の危険とリスクについて共有します．リスクを許容可能なレベルまで低減，または制御し，事故や事故の可能性を適切に管理するための措置を講じます．協力会社とステークホルダーに，私たちの業務活動に影響を与える可能性のあるプロセス安全・安全衛生・環境のリスクを特定のうえ伝達します．

## 3.　コンプライアンス

私たちは法律を遵守して事業活動を行います．また，従業員はプロセス安全・安全衛生・環境のリスクを最小限に抑えるために行動を自主的に起こす権限を与えられています．

## 3.1　インシデント調査

事故，インシデント，ニアミスを報告および調査し，プロセス安全・安全衛生・環境リスク管理の改善を推進します．これらから学んだ教訓は，再発を防ぐための是正措置を講じるために使用します．

## 3.2　パフォーマンスの測定

私たちは積極的かつ透明性をもって，目的と目標に対する達成度をレビューし報告します．目標の達成をサポートするために，改善計画を作成します．

## 3.3　安全衛生マネジメントシステム

次のことを確実にするために，管理システムを実装します．

- プロセス安全・安全衛生・環境保護に関する法律を遵守します.
- ISO 14000 の要件を満たします.
- ISO 45000 の要件を満たします.
- 私たちの健康と安全のパフォーマンスを継続的に改善します.

### 3.4 協力会社の改善

私たちは協力会社と協力して以下を確実に実行できるように保証します.

- プロセス安全・安全衛生・環境保護に関する能力が目標達成に必要な要件を満たすこと
- プロセス安全・安全衛生・環境保護の達成度のモニタリングおよびレビュー
- プロセス安全・安全衛生・環境への影響を最小限に抑えるように作業を実行すること

## 4. エクセレンス

私たちは，プロセス安全・安全衛生・環境リスクを管理する方法が常に卓越したものであるよう維持管理します.

### 4.1 イノベーティブな職務慣行の開発

私たちは，社内外の「プロセス安全・安全衛生・環境保護のグッドプラクティス」を常に奨励，開発，レビュー，共有します.

### 4.2 ステークホルダーへの影響

私たちは，プロセス安全・安全衛生・環境保護の期待に応え，達成することをいとわない合弁事業のパートナーおよびクライアントとのみ協力します. 私たちは，プロセス安全・安全衛生・環境保護の取り組み改善を推進するために，ステークホルダーと関わり，よい影響を与えます.

### 4.3 業務に関連したリスク

私たちは，業務に関連したリスクを評価します. すべての従業員は，彼らの仕事に影響を与えるプロセス安全・安全衛生・環境上のリスクについて共有されます. 私たちは，プロセス安全・安全衛生・環境のリスクを許容可能なレベルまで低減，または制御し，すべての従業員の業務に必要な能力要件を評価することを含め，負の影響の可能性を減らすための措置を講じます. 従業員の健康状態のモニタリングは，労働安全衛生関連法規を満たすために実施します.

## 5. ポリシーの達成

私たちのポリシーは以下によって達成されます.

- プロセス安全・安全衛生・環境への脅威を容認しない文化の醸成

> ・すべての従業員，協力企業，およびステークホルダーの真の協力の確保
>
> ビジネスグループは，このポリシーステートメントが職場内で理解・徹底されるよう周知します．
>
> ポリシーレビュー
>
> このポリシーは発行後すぐに有効になり，旧版から置き換わります．このポリシーは，必要に応じて見直され，修正されます．

## 5.6.2 プ ラ ン

ポリシーステートメントの内容を具体的な実施プログラムとして設定するものがプランとなる．

マネジメントプランはゴールを達成するために実施すべき項目をカテゴリーごとにアクティビティに分解したうえで，5W1H（「When：いつ」「Where：どこで」「Who：だれが」「What：何を」「Why：なぜ」「How：どのように」）を明確に設定するものである．

プランは長期プランと短期プランを策定することが望ましい．ゴールを達成するための長期プランを策定したうえで，単年度の短期プランを策定するとマイルストーン設定と単年度目標をリンクさせることができる．

**長期プラン**

プロセス安全管理の長期目標を達成するために設定した期間，もしくは定期修繕ごとの期間でゴールを達成すること，またはマネジメントシステムを継続的に改善することを念頭に置いた長期プランを策定すること．

長期プランではとくにリスクプロファイルを念頭に，重大リスクに対する改善を運用でのリスク削減策から設備など恒久的なリスク削減対策がとれる項目の導入など，より高いリスク項目についての改善を念頭に置き，実施すべき項目，内容，担当者，時期，場所，採用する手法，および“プロセス安全，安全衛生，環境保護ポリシー”に照らして達成目標を計画する．期間終了時には，期初に計画した達成目標を満たしているか，および“プロセス安全，安全衛生，環境保護ポリシー”に照らした達成目標に到達しているか評価し，次期の計画に反映する．

## 短期プラン

単年度ごとに実施すべき項目，内容，担当者，時期，場所，採用する手法，および"プロセス安全，安全衛生，環境保護ポリシー"に照らして達成目標を毎年設定する．プランで定める項目はプロセス安全マネジメントシステムで必要な項目，実施すべき項目をカバーすること．年度終了時には，期初に計画した達成目標を満たしているか，および"プロセス安全，安全衛生，環境保護ポリシー"に照らした達成目標に到達しているか評価し，次年度の計画に反映すること．PSM 14 モデルもしくは RBPS 20 エレメントなどのエレメントモデルを採用した場合は，エレメントごとに実施する改善プログラム内容をプランにも落とし込むこと．

## マネジメントシステムの適用範囲（バウンダリー）

マネジメントプランとして重要なことの一つは，当該マネジメントシステムをどこまで適用することにするか，すなわちマネジメントシステムバウンダリーをしっかりと定義することである．これは事業所内に入る関連会社や協力会社など，設備的なハード面および人的なソフト面双方で明確に規定すること．バウンダリー内に入る部分は，同じ規程・トレーニング，およびコミュニケーションが必要になる．バウンダリー外と設定した場合は，バウンダリー外となる組織に当該マネジメントシステムと同等のマネジメントシステムが備わっているかをまず確認する必要がある．そのうえで互いのリスク情報をしっかりと共有するためのコミュニケーションチャネルを確立する．

## 5.6.3 手　順　書

手順書は操業に関連する重要な運転操作や運転・保全に関する作業などを安全に実施するために重要である．手順書にはまず安全な操作や作業に必要な情報がわかりやすい形で含まれていることが必要である．

代表的な手順書の種類としては以下のようなものが挙げられる．

- 管理手順書
- 安全手順書，トレーニング手順書，環境管理・報告手順書
- 運転手順書
- スタートアップ，シャットダウン，定常運転，非定常運転，緊急時対応
- 保全手順書
- メカ，電気，計装，ユーティリティ，テスト
- 安全手順（作業安全）

## 156　　5　リスクベースマネジメントシステムの実践

表 5.4　安全運転域の表示例

| 運転<br>パラメータ | 通常<br>運転域 | アラーム | 通常運転域<br>逸脱時<br>影響・結果 | 対応策<br>(安全装置<br>など) | 安全運転域<br>上限 | 安全運転域<br>下限 | 安全運転域<br>逸脱時<br>影響・結果 | 対応策<br>(安全装置<br>など) |
|---|---|---|---|---|---|---|---|---|
|  |  |  |  |  |  |  |  |  |
|  |  |  |  |  |  |  |  |  |
|  |  |  |  |  |  |  |  |  |
|  |  |  |  |  |  |  |  |  |

- ロックアウト/タグアウト，閉所作業，火気作業，開放作業，電気工事
- エンジニアリング手順書，基準・規格

　運転手順書においては，プロセス安全に関連する情報として，安全運転域を明確に示すことが最重要となる．安全運転域情報記載用テンプレートの例を表 5.4 示す．また作業手順書においては，とくにプロセス安全に影響を与える作業など重要度の高い作業にはタスクアナリシス（表 5.5）と呼ばれる手法を用いるなどしたうえで安全を担保するために必要な手順，ツール，必要な保護具などの情報を盛り込むことが重要である．

　手順書では記載すべき内容が多岐に及ぶため，設備・手順の変更に対応した反映や継続的な改善を続けるため，手順書自体を管理する手順書マネジメントシステムを構築することが重要となる．

　手順書マネジメントシステムは以下の要素からなる．

- 現状の操作手順の評価
- 必要リソースの確認
- 手順書マネジメントシステムの実践
- どの手順書を作成するかの決定
- 手順書作成プロジェクトの遂行（手順書作成）
- 手順トレーニング
- 手順書マネジメントシステムの維持と継続的改善

　手順書の管理がうまくいかない共通的な失敗事例としては以下のようなものが挙げられる．

- 手順書を使用する意識の欠如
- 手順書マネジメントシステム適用の意識の欠如

表5.5　表形式タスクアナリシス例

| | Human factors analysis of current situation | | | Additional measures to deal with human factor issues | | Notes |
|---|---|---|---|---|---|---|
| Task or task step description (Note 1) | Likely human failures (Note 2) | Potential to recover from the failure before consequences occur (Note 3) | Potential consequences if the failure is not recovered (Note 4) | Measures to prevent the failure from occurring (Note 5) | Measures to reduce the consequences or improve recovery potential (Note 6) | Comments, references, questions (Note 7) |
| Task step 1.2—Control room operator (CRO) initiates emergency response (within 20 minutes of detection) | Action too late: Task step performed too late, emergency response not initiated in time | Control room (CR) supervisor initiates emergency response | Emergency shutdown not initiated, plant in highly unstable state, potential for scenario to escalate | Optimise CR interface so that operator is alerted rapidly and provided with information required to make decision; training; practise emergency response | Recovery potential would be improved by ensuring that the central control room (CCR) is staffed at all times and by clear definition of responsibilities | |
| Task step 1.3—CRO checks that emergency response successfully shuts down the plant | Check omitted: Verification not performed | Supervisor may detect that shutdown not completed | Emergency shutdown not initiated, or only partially complete, as above | Improve feedback from CR interface | Ensure that training covers the possibility that shutdown may only be partially completed. Ensure that the supervisor performs check | |
| Task step 1.4.1—CRO informs field operator of actions to take if partial shutdown occurs | Wrong information communicated: CRO sends operator to wrong location | Outside operator provides feedback to CRO before taking action | Delay in performing required actions to complete the shutdown | Provide standard communication procedures to ensure comprehension. Provide shutdown checklist for CRO | Correct labelling of plant and equipment would assist field operator in recovering CRO's error | |

Notes:
1. Task steps taken from procedures, walkthrough of operation and from discussion with operators.
2. This column records the types of human failure that are considered possible for this task. It also includes a brief description of the specific error. Note that more than one type of failure may arise from each identified difference or issue.
3. Not all human failures will lead to undesirable consequences. There may be opportunities for recovery before reaching the consequences detailed in the following column. Recovery from errors should be taken into account in the assessment; otherwise the human contribution to risk will be overestimated. A recovery process generally follows three phases: detection of the error, diagnosis of what went wrong and how, and correction of the problem.
4. This column records the consequences that may occur as a result of the human failure described in the previous columns.
5. Practical suggestions as to how to prevent the failure from occurring are detailed in this column, which may include changes to rules and procedures, training, plant identification or engineering modifications.
6. This column details suggestions as to how the consequences of an incident may be reduced or the recovery potential increased should a failure occur.
7. This column provides the facility to insert additional notes or comments not included in the previous columns and may include general remarks, or references to other tasks, task steps, scenarios or detailed documentation. Areas where clarification is necessary may also be documented here.

[Energy Institute, 2020]

158　　5　リスクベースマネジメントシステムの実践

- 手順書マネジメントシステムの理解の欠如
- 手順書へのアクセスしやすさの欠如
- 手順トレーニングの欠如
- 手順書マネジメントシステムの欠陥により必要なアップデートがなされていない.

これらの失敗事例は，手順書マネジメントシステムの適用失敗だけでなく，使用する側の意識という側面も重要であることを示唆している．また手順書の記載を常に正確に保つことは重要であるが，一方で思慮深い遵守（"thoughtful compliance"）と呼ばれるような，手順書を必ずしも鵜呑みにせずよく考えたうえで実行していくことも合わせて重要となる．こうした人間系の考慮に関しては第6章6.2節のHOFで説明する.

　必要な運転手順書の整備だけでなく，その中でも重要性が高い操作・作業（安全上重要な操作項目：SCT）には，適切な訓練を実施することで能力保証を行う必要がある．リスクアセスメントやタスクアナリシスでハザード・リスクと関連することがわかった操作・作業も同様である．訓練への参加記録の管理や，さらに資格試験なども合わせて実施されることが望ましい.

## 5.7　リスクマネジメントの実行

　本節では第2章2.2節で説明したリスクマネジメントプロセスを実行する際に重要なマネジメント技術について解説する.

### 5.7.1　リスクプロファイルの把握

　リスクプロファイルは第2章2.8節で紹介したHIRAを実施することで把握する．設備の敷地配置などに関するハイレベルなリスクの抽出はHAZIDを用いて行い，プロセス運転に関するハザードの把握とリスクアセスメントをHAZOP/LOPAを用いて行う，非定常運転・作業に関しての危険・リスク評価は非定常HAZOP手法を用いるなど，複数の手法を適切に使い分けてリスクプロファイルを把握することが重要である．図5.14にHAZID手法を用いてリスクプロファイルを把握するイメージ図を示す.

　これら代表的な手法によるアセスメントのみではなく，異常運転報告など各事象に関してのリスクアセスメントなど，リスクアセスメント手法を適宜適用する

5.7 リスクマネジメントの実行　159

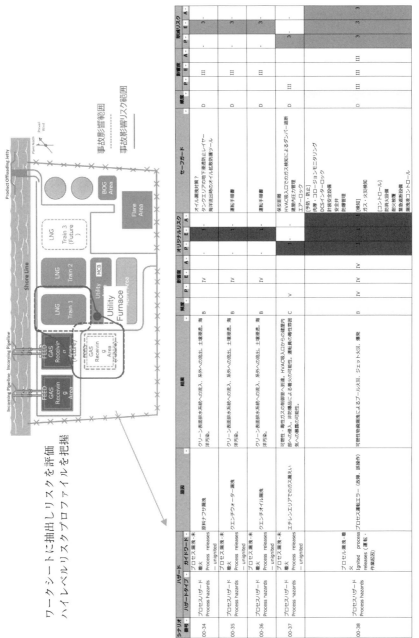

図 5.14　リスクプロファイルイメージ

ことで，大きなハザードから詳細のハザードまで適切に把握し管理に展開する．

リスクプロファイルを把握することで，高リスクシナリオのリスクを削減するために重要な役割を果たす SCE/ECE を抽出し，その機能性を担保するための機能要求も合わせて定義することで操業中の重点安全管理項目への展開をしたり，リスクを引き起こす可能性のある想定事故シナリオに影響を与えるような操業・保全業務を具体的に抽出し重点管理項目化，手順/トレーニングなどで備えを行うことでプロセス安全管理の有効性を高めることができるようになる．

## 5.7.2　ハザード管理台帳による操業管理

各種リスクアセスメントにより同定されたハザード・リスクは，設備で想定される事故シナリオ（想定事故シナリオ）を示している．ところが，リスクアセスメントを実施した結果を記載するワークシートは，例えば HAZOP であればガイドワードごとに事故シナリオが繰り返し羅列されているため，HAZOP に参加していない者にとっては欲しい情報がどこに載ってるのか非常にわかりにくい形式となっている．また想定事故シナリオは抽出されているが，事故シナリオによるリスクを削減するための各種安全装置・対策のリスク削減効果を維持するための機能要求までは記載されていない．

リスクベース管理を行う場合は，リスクアセスメントの結果をもとに，第2章2.8.13項で紹介したハザード管理台帳（またはリスク管理台帳）と 2.8.14 項で紹介した機能要求管理台帳を作成する．図 5.15 にリスクアセスメントから管理台帳に展開する際の流れを示した．リスクアセスメントで得られるリスクプロファイルはもともとのリスクの大きさを示しており，それを適切なリスクにまで落とすための安全設備や対策がリスク削減のためどのような機能性を有するべきかという PSM における技術的な必要要件が定義されたものである．この情報を操業管理観点で使用しやすいように，機器ごとに想定事故シナリオを再編し管理に必要な情報をまとめたものがハザード管理台帳である．

具体的な手順としては，ハザードの特定で抽出した想定事故シナリオを機器ごと・種別ごとにグループ化し，リスクアセスメントの結果からオリジナルリスク，リスク削減効果と残存リスクを転記する．さらに，各種安全装置・対策の必要なリスク削減効果を維持するために必要な機能要求を機能要求管理台帳にまとめることで，操業管理におけるリスク管理情報として展開が可能となる．

組織的な観点からは，HAZOP や LOPA に代表される HIRA が安全・環境室部

5.7 リスクマネジメントの実行　　161

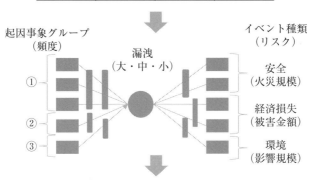

### ハザード管理台帳必要要件と管理台帳形式

| 管理台帳必要要件 | ハザード管理台帳<br>(海外石油・ガス) | フォルトスケジュール<br>(英国・欧州原子力) |
|---|---|---|
| ハザードグループ化 | 漏洩種別(LOC)ごと | 起因事象グループごと |
| 事故位置情報(レイアウト) | プロセスユニットごと | 機器・部屋ごと |
| 事故シナリオ情報 | 想定事故概要<br>起因事象<br><br>漏洩後の事故種別<br>事故影響度<br>事故発生頻度<br>オリジナルリスク<br>安全装置<br><br><br><br>削減後リスク | 想定事故概要<br>起因事象<br>起因事象発生頻度<br>漏洩後の事故種別<br>事故影響度(計算結果)<br><br>オリジナルリスク<br>独立防護層(影響削減)<br>影響度削減後リスク<br>独立防護層(頻度削減)<br>頻度削減後リスク |
| 管理情報 | SCE/ECEなど | SSCごと |
| 機能要求 | 別紙にて管理<br>(SRS, パフォーマンススタンダード) | 別紙にて管理<br>(SSCごとの要求仕様書) |

図 5.15　リスクアセスメントからハザード管理台帳への展開の流れ
[ストラトジック PSM 研究会, 2022]

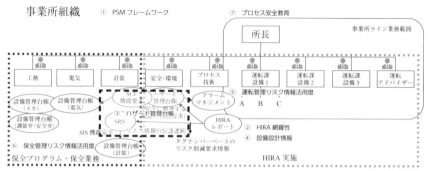

**図 5.16 組織内でのリスク情報の流れとハザード管理台帳の位置づけ**
［ストラトジック PSM 研究会, 2022］

門，プロセス技術部門，運転部門によって実施管理されていることが多いが，ハザード管理台帳/機能要求管理台帳を活用することで，その HIRA の情報を保全系部署に展開することができる（図 5.16）．

HIRA 実施後に管理台帳へ情報を展開するというひと手間が増えることになるが，この台帳をつくるかどうかがリスクベース管理の実行力を左右するため，非常に重要である．近年はハザード管理台帳をデジタル化したツール（例：Core-Safety®）もあるので活用することで台帳作成の労力を低減できる．デジタルツールによりリスクをビジュアル化することも可能になるため，コミュニケーションの実行効果を高めるために活用を検討することも一つである．

### 5.7.3　ワークブレークダウンストラクチャー（WBS）

ワークブレークダウンストラクチャー（WBS）は，もともと米国の軍事関連プロジェクトで大量の物量コントロールが必要な計画を円滑に実行するために考案された手法である．プロジェクトで実行すべき項目をシステム，サブシステム，サブサブシステム，……と分解することで，必要なアクティビティを特定し，個別に管理することで最終的に全体管理を達成するという手法である．

WBS はロジカルネットワークスケジュールと組み合わせて利用することでマネジメント効果が高まる．ロジカルネットワークスケジュールはプロジェクトを構成する複数の作業を，作業相互の論理的な関係に基づいてつなぎ合わせてつくったスケジュールのことをいう．ロジカルネットワークスケジュールには以下の情報が含まれる．

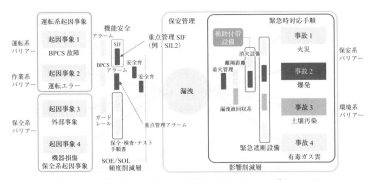

**図 5.17** プロセス安全の技術的範囲を表現したボウタイ図

- アクティビティの定義
- アクティビティのつながりの定義
- アクティビティに必要な期間
- 全体スケジュールチャートの作成

このロジカルネットワークスケジュールをもとにプロジェクト全体のスケジュールコントロールを実施するという流れである．

この WBS 概念を用いてプロセス安全に関連する操業・保全管理業務を効果的に管理することができるようになるが，その際に重要なのはプロセス安全に関連する業務の特定の仕方である．プロセス安全の技術的範囲を表現したボウタイ図（図 5.17）のフレームワークを用いるとわかりやすい WBS が構築できる．プロセス安全技術範囲を示したボウタイ図から展開した WBS を表 5.6 に示す．

表 5.6 の WBS は設備の設計・リスクアセスメント・要件定義から操業管理と続く設備のライフサイクルを縦軸に，プロセス安全を左右する想定事故シナリオで重要な役割を果たす構成要素を横軸に分類しマトリックス上に整理したものである．この WBS のマトリックス上で担当部署を示すことでプロセス安全上重要な業務所掌を明確にできる．

WBS によりプロセス安全に関連する設備要素の健全性および機能性はリスクアセスメントで判定された事故シナリオのリスクの大きさに応じて，事故を引き起こす起因事象，および各種安全設備の信頼性・機能性に必要なリスク削減要求として割り当てられる．ただし，リスクアセスメントの担当と実際の設備管理の担当は必ずしも一致しないため，この担当者間で正しくリスクコミュニケーションがなされることが RBPS マネジメントシステムにおいては最重要となる．

164 　5　リスクベースマネジメントシステムの実践

表5.6　ワークブレークダウンストラクチャー例

| ライフサイクルマネジメント要素 | | 事故防止レイヤー | 被害削減レイヤー | 通常設備 | サポート設備 |
|---|---|---|---|---|---|
| | アラーム，SIS，安全弁 | 着火源管理，検知，緊急遮断/緊急脱圧システム，防消火設備，耐火被覆，保安距離，漏洩液コントロール | プロセス機器健全性，BPCS，電気防爆管理，フレア | IA，電気設備，補助設備 | |
| ライフサイクル管理計画 | xxx | xxx | xxx | xxx | |
| 適用法規・基準管理 | xxx | xxx | xxx | xxx | |
| 設備設計根拠 | ハザードの特定・リスクアセスメント | HAZOP/SIL | HAZID | HAZID | HAZID |
| | リスク削減の割振り | EUC（SIS） | xxx | — | — |
| | 設計思想定義 | 設備設計思想，SIS安全仕様書 | 設備設計思想 | 設備設計思想 | 設備設計思想 |
| | 機能要求定義 | SCE機能要求，設計基準，データシート，仕様書 | | | |
| 維持・管理計画（機能要求管理台帳） | アラーム安全仕様，SIS安全仕様，SCE機能要求 | SCE機能要求 | | | |
| バリデーション | 運転開始前審査 | | | | |
| 維持管理の実施（運転・保守） | アラーム安全仕様，SIS安全仕様，SCE機能要求 | SCE機能要求 | | | |
| 変更管理 | アラーム安全仕様，SIS安全仕様，SCE機能要求 | SCE機能要求 | | | |
| 廃　棄 | アラーム安全仕様，SIS安全仕様，SCE機能要求 | SCE機能要求 | | | |

### 5.7.4 機能要求の管理

設備の健全性と信頼性の確保は，重要な機器がその寿命を通じて意図された用途に適していること，およびリスク削減のための機能要求を保証するために必要な検査や試験などの活動を体系的に実施することにより達成される．設備の健全性の管理は主にプロセス設備自体の肉厚管理などの保守点検で対応することになり，設備の信頼性の確保は安全設備の機能要求を起動試験の実施などにより担保していくことで対応することとなる．この双方がそろって初めて総合的なプロセス安全を担保することができるようになる（図 5.18）．

プロセス安全上重要な安全設備・システムは，図 5.17 のボウタイ図で示される事故進展ルートに応じたバリアーの配置から，① 運転系，② 作業系，③ 保全系，④ 保安・環境系に大別される．これらは SCE もしくは ECE に当たるものとなるため，重点的に維持管理を実施する必要がある．

ただし，HAZOP/LOPA などで抽出される想定事故シナリオに応じて起因事象は多岐に及ぶため，とくに安全弁やアラームなどの安全設備においては，個別の安全弁または個別のアラームごとに機能要求の内容にも違いが出てくる．そのため本章で示した SCE/ECE の重点管理と合わせて，HAZOP/LOPA からの"フォルトスケジュール"形式のハザード管理台帳を用いるなどして詳細な想定事故シナリオに応じた安全設備・対策への機能要求管理を並行して行うことで，粒度の違うリスクに対する安全管理により包括的にプロセス安全を達成することができるようになる．

機能要求設定の例を表 5.7 に示す．

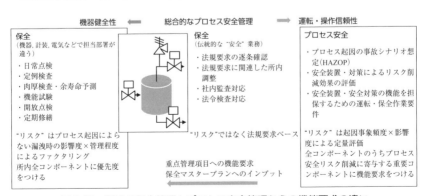

図 5.18　従来の保全管理とプロセス安全管理からの機能要求の違い

166    5　リスクベースマネジメントシステムの実践

表 5.7

| 要素/システム | カテゴリー | 機能要求 | 構成要素 | 脆弱性 | |
|---|---|---|---|---|---|
| BPCS | SCE | プロセス運転を通常運転域内にとどめる | DCS<br>調節弁<br>ポンプ<br>コンプレッサ | CCR 内設備（CCR 建屋による一定の耐火・耐爆性能） | |
| プロセスバウンダリー | SCE | プロセス運転を設備設計条件内にとどめる | 機器<br>配管 | ― | |
| アラーム | SCE | プロセス運転が通常運転域を逸脱した際に検知しアラームを発報し，運転員による対応を促す | DCS<br>（オペレータ対応） | CCR 内設備（CCR 建屋による一定の耐火・耐爆性能） | |
| 安全弁 | SCE | 圧力容器を圧力超過シナリオから保護する | 安全弁<br>破裂板 | ― | |
| フレアシステム | SCE/ECE | 火災やプロセス運転の変動による設備圧力超過時に，設備設計バウンダリーを超えないよう安全弁や調節弁にて逃がされるプロセス流体を安全に処理する | フレアスタック<br>ノックアウトドラム<br>スチームトレース | ブローダウンドラム，メインヘッダー，KO ドラム，フレアスタックは想定される事故などで破損する可能性を提言すること（配置，もしくは耐火材など） | |
| 緊急遮断設備 | SCE | 許容できないプロセス変動が生じた際に，運転員判断により設備を緊急停止する | DCS<br>（トランスミッタ）<br>遮断弁 | CCR 内設備（CCR 建屋による一定の耐火・耐爆性能） | |
| 着火源管理 | SCE | 計装・電気設備の防爆仕様 | 計装・電気設備<br>（防爆対応品） | ― | |
| 火災・ガス検知器 | SCE | 設備内で生じた火災，およびガス漏洩を検知し，適切な対応を促す | 火災検知器<br>ガス検知器<br>アラームパネル | CCR 内設備（CCR 建屋による一定の耐火・耐爆性能） | |
| 防消火設備 | SCE | 火災発生時に消火する（泡消火）および機器への延焼を防ぐために散水冷却する | 防消火ポンプ<br>防消火タンク<br>泡原液タンク<br>Deluge バルブ<br>スプレーシステム | 隣接エリアでの火災・爆発によるダメージの可能性があるが，2 カ所に供給源が分かれていることによる冗長性で対応 | |
| 防油堤・防液堤 | SCE/ECE | 漏洩時に漏洩液が周囲に広まることを抑制し，二次被害を防ぐ | 防油堤<br>防液堤 | ― | |
| 表面漏洩液集液 | SCE/ECE | プロセスエリアの可燃性液体漏洩時に周囲への拡散を防ぎ速やかに回収する | カーブ<br>地下配管 | ― | |
| オイルフェンス | ECE | 海洋への油流出事故時に，被害拡大を防ぐ | シルトフェンス | ―<br>（火災発生時のダメージ？） | |
| 非常用電源設備 | SCE | 主電源喪失時にもプラントを安全に緊急停止に導くための電力を供給する | 非常用発電機<br>非常用電源トランス/スイッチギア<br>UPS | 電気室内設備（建屋による一定の耐火・耐爆性能） | |
| 非常放送設備 | SCE | 事故・自然災害発生時に人が存在するエリアに速やかに報知する | PA/GA システム | 電気室内設備（建屋による一定の耐火・耐爆性能） | |
| 避難設備 | SCE | 緊急事態発生時に従業員を安全な場所に安全に移動する手段を与える | 非常用照明設備<br>アクセス通路 | 火災・爆発発生時に一方向が遮断されても別の方向に避難できるように 2 方向以上の避難路計画を与える | |

## 機能要求例

| | 稼働率・信頼性要求 | 検査頻度 | その他 |
|---|---|---|---|
| | 故障頻度 0.1／年を下回る | 発生リスクの重大度に応じた検査頻度 | 個別シナリオに付随する要求はフォルトスケジュールなど詳細管理用台帳を参照のこと |
| | 肉厚検査要求に従う | — | |
| | 故障／対応失敗確率 0.1 を達成する<br>リスク削減重要度に応じた検査頻度と対応時間を守るためのトレーニングを実施する | | |
| | 故障確率 0.01 を達成する | 法令要求，もしくはリスク削減に必要となる信頼性を達成するためのテスト頻度のどちらか短い方 | |
| | 操業中は常に稼働（スペアにより検査を可能） | 法令要求，もしくは稼働率を満足させること | — |
| | 故障確率 0.01 を達成する | リスク削減に必要となる信頼性を達成するためのテスト頻度 | 設備全体の検査，トレーニング要求 |
| | — | 防爆対応タイプごとに定められた性能が満たされているかメーカー推奨の検査頻度で検査 | — |
| | 火災・漏洩シナリオに応じたカバレッジ | 法令要求に従う | — |
| | 法令要求に従う | 法令要求に従う | 設備全体の検査，トレーニング要求 |
| | 法令要求に従う | 法令要求に従う | — |
| | 法令要求に従う | 法令要求に従う | — |
| | 法令要求に従う | 法令要求に従う | — |
| | 法令要求に従う | 法令要求に従う | — |
| | 法令要求に従う | 法令要求に従う | — |
| | — | — | — |

## 5.7.5 同時作業の管理

作業許可申請は，安全な作業ための環境確認や必要な手順の担保のため，とくに非定常作業に関連するリスクを管理するのに重要となる．

その中でもプロセス安全管理観点で重要となるのが同時作業観点での安全確認である．同時作業に関連する作業許可申請は作業許可マニュアル（MOPO：manual of permitted operations）を事前に準備したうえで行うことが推奨される．参考に表 5.8 に MOPO の例を示す．

とくに SCE/ECE 指定がされている設備・システムが保守などにより不稼働状態である場合や，運転中の設備内もしくは隣接するエリアでの重量物搬送を伴う工事作業時などは，想定事故シナリオによるリスクが具現化する可能性が高まることや，新たなハザード（重量物落下による運転中プラントの破損など）が持ち込まれる可能性があるため，MOPO により同時作業による危険性をあらかじめ把握したうえで，作業許可を行うことが重要である．

## 5.7.6 意思決定

組織活動においては，よりよい意思決定をすることがよりよい組織活動につながるため，いかに意思決定を行うかは非常に重要な制度設計の一つとなる．一般的に意思決定は，選択肢の中から一番よいものを選ぶことが基本となる．意思決定を行う者が最適な判断を行うためにはすべての情報を知ることが必要となるが，現実的に難しいことが多い．できるだけ良質な情報を意思決定者に上げる仕組みづくりがまず必要となる．

一般的な意思決定プロセス手順を以下に示す．

1. 問題の特定
2. 意思決定・基準の明確化
3. 基準の優先順位づけ
4. 代替案の作成
5. 代替案の分析
6. 代替案の選択
7. 代替案の実行
8. 解決策の有効性の評価

この手順の中で，最も難しいのは最初のステップとなる"問題の特定"であ

## 表 5.8　作業許可マニュアル（MOPO）の例

| | 通常運転（プロセス流体の導入）*1 | プロセスバウンダリー開放作業 | 耐圧試験 | 防消火設備の保全作業による不稼働 | 安全設備の保全作業による不稼働 | 重量物つり上げ作業 | 火気作業 | 高所作業 | 閉所作業 | X線非破壊検査 | 仮設足場設置 | 仮設建屋の使用 | 工事車両アクセス | プラント緊急時 | 自然災害 |
|---|---|---|---|---|---|---|---|---|---|---|---|---|---|---|---|
| プロセスバウンダリー開放作業　breaking of containment | × | NA | | | | | | | | | | | | | |
| 耐圧試験　hydro/pneumatic test | × | △ | NA | | | | | | | | | | | | |
| 防消火設備の保全作業による不稼働　fire fighting system isolated | × | × | △ | NA | | | | | | | | | | | |
| 安全設備の保全作業による不稼働　safety system isolated | × | △ | △ | △ | NA | | | | | | | | | | |
| 重量物つり上げ作業　lifting over live lines（HC） | ×*2 | △ | △ | △ | △ | NA | | | | | | | | | |
| 火気作業　hot work | × | △ | △ | △ | △ | △ | NA | | | | | | | | |
| 高所作業　work at height | × | △ | △ | △ | ○ | ○ | △ | NA | | | | | | | |
| 閉所作業　confined spece entry | × | △ | △ | △ | ○ | ○ | ○ | △ | NA | | | | | | |
| X線非破壊検査　radioactive material management | × | △ | △ | △ | △ | △ | △ | ○ | △ | NA | | | | | |
| 仮設足場設置　scaffolding | ×*2 | △ | △ | △ | ○ | △ | ○ | ○ | △ | △ | NA | | | | |
| 仮設建屋の使用　use of temporary buildings | × | △ | △ | △ | ○ | △ | ○ | ○ | △ | ○ | ○ | NA | | | |
| 工事車両アクセス　access of construction vehicles | × | △ | △ | △ | ○ | △ | ○ | ○ | △ | ○ | ○ | ○ | NA | | |
| プラント緊急時　emergency in plant | × | × | × | × | × | × | × | × | × | × | × | × | × | NA | |
| 自然災害　natural events | × | × | × | × | × | × | × | × | × | × | × | × | × | × | NA |

注）SIMOPS：simultaneous operations, MOPO：matrix of permitted operations

NA：該当なし　○：同時作業実施に問題なし　△：条件つき同時作業実施許可（詳細検討要）　×：同時作業禁止

*1 同エリア内の作業だけでなく、距離の近い隣接エリアも含めて危険性を判断すること.

*2 通常運転ライン（可燃性など）をまたぐ作業は禁止.

る．問題の根本原因が正しく理解されていないと最適な解であるか定かでなくなるためである．結果として選択肢探索や評価に時間がかかってしまうこととなる．

また判断者が"偏り（バイアス）"にとらわれないようにすることも重要となる．典型的なバイアスには以下のようなものがある．

- ヒューリスティックス：過去の事例や伝聞情報に当てはめて考えてみるなど（発見的問題解決法）
- コミットメントによるエスカレーション現象：マイナスの情報があるのに前の意思決定に引っ張られて意思決定してしまう．

さらに集団での意思決定を行う場合には，より多くのバイアスを受ける特徴がある．

- 個人よりも集団の方が多様な意見・考えが集まる．
  - ➢ 決定に時間がかかる．
  - ➢ 意見が収束しない．
  - ➢ 多様な意見を黙殺
  - ➢ 少数意見を軽視
- グループシンク
  - ➢ もっともらしい理屈で説き伏せようとする．
  - ➢ 多数派が反対派や懐疑派に圧力をかける．
  - ➢ 多少の反対や多少の懐疑的意見を過小評価する．
  - ➢ メンバーの沈黙を全員一致と考える．
- グループシンクに陥りやすい集団
  - ➢ まとまりがよい（ダイバーシティがない）．
  - ➢ リーダーの価値観に偏りがある．
  - ➢ 外部から孤立している．
  - ➢ 時間的なプレッシャーがある．
  - ➢ はっきりした意思決定の手続きがない．
- グループシフト
  - ➢ 集団で意思決定する場合は，個々の責任が薄れるためリスキーな（偏った）意思決定をしやすくなる．
  - ➢ 一人でも反対意見が出ると同調圧力は弱まる傾向がある．

こうした組織内での意思決定の本質的な難しさがある中で，プラントの安全を

担保するための組織内判断を適切に行っていくことが必要である．プラント安全に関連する意思決定項目は多岐にわたる．具体的には，リスクプロファイルで抽出された重大リスク，グッドプラクティスとの比較，変更管理項目のうち重大リスクと SCE/ECE に関連する項目は，必要な専門家が同席のもと対応策を協議し，その妥当性を保証することが必要になる．

一般的な意思決定フローに倣った，プロセス安全管理に関する意思決定フローを図 5.19 に示す．また意思決定フローの過程で以下のポイントが重要となる．

- 設備面だけでなくソフト面の変更に関しても意思決定フローに載せること
- 提案作成者はプロセス安全，労働安全，環境などに関係するものに関しては明記し判断実行者に通知
- 判断実行者は意思決定項目のうちプロセス安全，労働安全，環境などに関係するものに関しては必要に応じて専門家の意見を仰ぐ．
- 必要に応じて提案者，関連部署は考えられるすべての代替案とそれぞれのメリット・デメリットをとりまとめて提出する．
- 専門家会議（ALARP 会議）において ALARP といえる判断であるかの協議を実施
- 専門家会議の推奨事項を参考に判断実行者が最終判断
- 判断に従い，必要に応じて設備やマネジメントシステムなどの改訂を行う．

意思決定項目は意思決定項目ログシートに記録するとともに，意思決定の判断

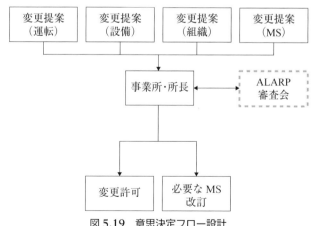

図 5.19 意思決定フロー設計
［ストラトジック PSM 研究会, 2022］

172    5　リスクベースマネジメントシステムの実践

理由および結果を代替案検討内容とともに記録として残すことで透明性を維持することも重要である.

　ALARP 判断には第 2 章の図 2.41 に示す UKOOA の ALARP 判定スキームが参考になる.

　意思決定難易度レベルに従って意思決定に際しての評価の仕方や考えに考慮すべき内容を変える必要がある.

- 意思決定難易度レベル A：リスクは十分に理解されている場合. この場合は適切な規格基準類の適用や業界のグッドプラクティスに則って決定すること.
- 意思決定難易度レベル B：リスクに不確かさが含まれたり, リスク削減のために何らかの理想的でない対応が必要であったり, もしくは規格基準類やグッドプラクティスからの逸脱が必要となる場合. この場合は, リスクアナリシスやコストベネフィットアナリシスを実施し意思決定をサポートすること.
- 意思決定難易度レベル C：大きな社会的議論を呼ぶ可能性のある意思決定であったり, 非常に大きなリスクや不確かさを内在する場合. この場合は会社としての価値観や社会規範に鑑みて意思決定をすること. リスクアナリシスやコストベネフィットアナリシスに加えてステークホルダーとの確認なども必要となる.

　一般的に ALARP 判定が必要となる意思決定項目の例を表 5.9 に示す.

### 5.7.7　妥当性の証明

　5.7.6 項でも説明した ALARP 判断のために, 考えられる代替案をすべて抽出して比較検討を行うという手法を, ALARP 判断の妥当性証明の手法としてオプショニアリング（optioneering）と呼ぶことがある.

　オプショニアリングの手順は, 以下の通りとなる.

1. 代替案の抽出
2. 比較評価項目の抽出（プロセス能力, 運転・操作性, 経済性（運転）, 経済性（初期費用）, 安全, 環境など）
3. 評価項目の優先度
4. それぞれの項目の評価
5. 総合評価

表 5.9　主要 ALARP 検討項目

| | カテゴリー | | 項　目 |
|---|---|---|---|
| 1 | HIRA | 1.1 | 変更提案に対する意思決定 |
| | | 1.2 | 高リスクシナリオに対する現状判定 |
| | | 1.3 | SCE の機能要求確認 |
| 2 | 運転前安全審査 | 2.1 | SCE の機能要求に関連する項目の確認 |
| 3 | 保全実績報告 | 3.1 | SCE の機能要求に関連する項目の確認 |
| 4 | 設備重要度分類 | 4.1 | SCE の機能要求に関連する情報の反映状況確認 |
| 5 | 作業許可申請 | 5.1 | SCE の機能要求に関連する項目の確認 |
| 6 | 変更管理 | 6.1 | 運転手順に関する変更（SCE の機能要求に関連する項目の確認） |
| | | 6.2 | 設備に関する変更（SCE の機能要求に関連する項目の確認） |
| | | 6.3 | 組織に関する変更（SCE の機能要求に関連する項目の確認） |
| | | 6.4 | PSM に関する変更（SCE の機能要求に関連する項目の確認） |
| 7 | 異常現象報告 | 7.1 | SCE の機能要求に関連する項目の確認 |
| 8 | 事故トラブル情報報告 | 8.1 | SCE の機能要求に関連する項目の確認 |
| 9 | ヒヤリハット報告 | 9.1 | 重大項目に対する対応検討 |
| 10 | 事故調査 | 10.1 | 不適合項目に対する対応検討 |
| 11 | 監査 | 11.1 | 監査コメントに対する対応検討 |

　以上のオプショニアリング評価を通して最も総合評価の高かったものが ALARP となるオプションであると評価されることになる．図 5.20 にオプショニアリングのテンプレート例を示す．

　妥当性の証明のさらに高位の判断として，設備設計自体の妥当性を証明することが求められることがある．これを妥当性の証明（justification）と呼ぶ．設備設計の基準（basis of design）がプロセスを安定的に運転できる範囲を規定したり，自然災害や事故時の耐力に大きな影響を及ぼすため，この基準設定自体の妥当性証明をすることはプラント安全証明上非常に重要である．

　設備設計基準（BOD）は以下に示すようないくつかの重要な要件を規定する

| | ケース1 | ケース2 | ケース3 |
|---|---|---|---|
| 経済性<br>(エネルギー効率) | 3 | 2 | 1 |
| 操作性 | xxxxx | xxxxx | xxxxx |
| メンテナンス性 | xxxxx | xxxxx | xxxxx |
| 安全性 | xxxxx | xxxxx | xxxxx |
| 環境性能 | xxxxx | xxxxx | xxxxx |
| 評価 | 1 | 2 | 3 |

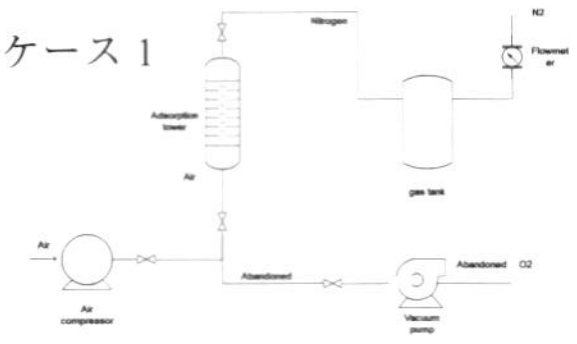

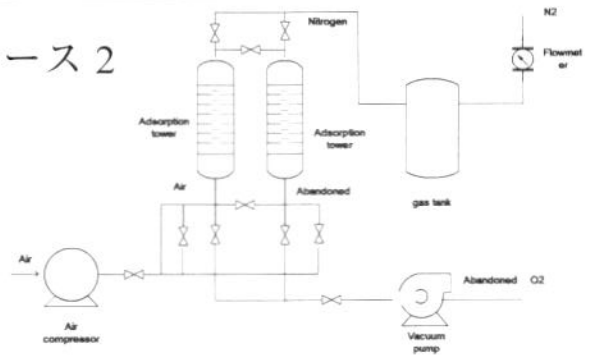

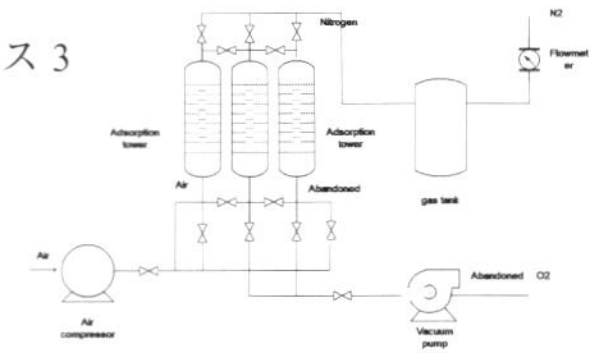

図 5.20　オプションアナリシステンプレート例

ものである.

- 主要プロセス構成とその前提条件
- 必要製品製造キャパシティや稼働率
- プラントに適用する技術要件と設計パラメータ
- 設備設計が反映すべき主要設計要素の設計思想

例えばプラント設備の排水設備の許容排水量は,想定される降水量によって決まってくることが多い.設備建設時には十分な想定排水量だったものも,昨今の自然災害激甚化を鑑みると設備敷地内での洪水を引き起こし自然災害起因の事故（NATECH）につながる可能性もある.

プロセス設備設計の妥当性証明のための論点の例を以下に示す.

- 運転ケース整理
- 原料・運転範囲整理（feed envelope）
  - 受入原料種類,組合せなど
  - 製品種別
  - 蒸留塔系統・構成選定と組合せなど
  - 運転作業項目抽出
- プロセス構成妥当性（オプショニアリング）
  - 運転性
  - ライセンス選定
  - 機器タイプ選定
  - 危険性に関する対処方法
  - 貯槽類の保持時間根拠
- ヒューマンファクター設備機能自動化度合い評価（HF AoF）
  - 主要運転作業項目について自動化度合いのあるべき姿検証

## 5.8 変更管理

プロセス安全マネジメントにおける変更管理の目的は,プロセスの変更が不注意に新しいハザードをもたらしたり,既知のハザードのリスクを知らず知らずのうちに増加させることがないようにすることである.

変更管理については,図 5.19 に示した意思決定手順の流れに沿って決定することとなるが,プロセス安全を担保していくという観点での変更管理を適用すべ

き項目に関しては以下のようなものが挙げられる.

- プロセス機器に関する変更
- プロセス制御方式に関する変更
- 安全系に関する変更
- インフラに関する変更
- 運転・技術に関する変更
- 点検・検査・保全・修繕方式に関する変更
- 手順書の変更
- 組織・スタッフの変更
- ポリシーの変更
- その他 PSM エレメントに関連した変更
- その他の変更（上述のカテゴリーには属さないがプロセス安全に影響を及ぼすと考えられるもの）

また，実施済みの HAZOP や LOPA などハザードの同定とリスクアセスメント（HIRA）を見直す必要があるかどうかも同時に判断して，都度必要に応じて実施済み HIRA の見直し・改訂を行うこと．その際の判断基準としては以下が参考になる.

- 新たな物質の導入
- 危険物の内容量増加
- ユニット遮断構成の変更
- プロセス停止インターロックの変更
- プロセスコントロール構成の変更
- 重大なプロセス変更（例えば新規ライン，プロセスラインのつなぎ先変更）
- 運転パラメータの変更（事前に決めていた安全運転範囲を超える可能性）
- 運転マニュアルの変更が必要になるもの
- 機器設計限界の変更
- 機器建設材料の変更

## 5.9 KPI の設定

KPI（key performance indicator）の設定は，リスクベースプロセス安全マネジメントシステムの運用を迅速かつ効果的に行うために重要である．パフォーマン

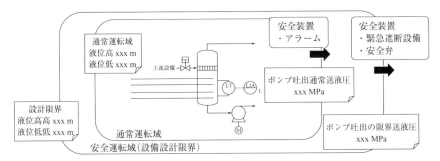

図 5.21 事故進展と KPI 設定イメージ

ス・状況を把握するために，どの指標を，どの程度の頻度でデータとして収集すべきか，そしてその情報をどのように扱うべきかを決定しプログラム化することになる．

プロセス安全に関する KPI に関しては，その事故の進展シナリオを意識して設定するとよい．プロセス設備で起こり得る"ずれ"が発展していき安全運転域を超過することで事故となる（図 5.21 にイメージを示す）．この安全運転域を超過するずれを観測した数（対応する安全設備の起動数）や実際に発生した漏洩事故件数が重要な KPI となる．

国際規格 API 754 ［API, 2016］にプロセス安全 KPI の設定標準が示されている．図 5.22 にその構成イメージを示す．このモデルでは，顕在化した事故の数を事故の大きさに応じて Tier 1 と Tier 2 と呼び，前述の安全装置の起動回数を顕在化する前の KPI として Tier 3 としている．さらに Tier 4 というマネジメントシステムの緩みを計測する KPI を設定することが推奨されている．表 5.10 に具体的なプロセス安全に関する KPI の設定例を示す．

## 5.10 事故調査

事故調査とは，事故を報告，追跡，調査するためのプロセスで，事故の調査のためのリソース計画，実施，それらの調査結果の文書化，改善措置勧告後の是正措置確認などを含むものである．

一般的な事故調査は図 5.23 のプロセスに従って実施される．

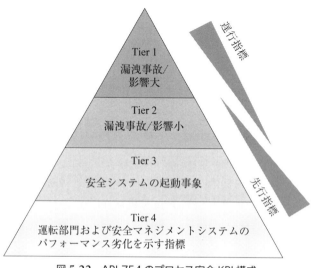

**図 5.22　API 754 のプロセス安全 KPI 構成**
[American Petroleum Institute (API), 2016]

表 5.10　具体的なプロセス安全 KPI 設定例

| カテゴリー | サブカテゴリー | 意義・目的 | KPI Tier | KPI 設定例 |
|---|---|---|---|---|
| マネジメントシステム | 工学的側面 | 設備・運転の脆弱部を重点管理 | Tier 1/2 | 漏洩事故数（プロセスバウンダリー突破回数） |
| | | | Tier 3 | 安全設備起動実績（コントロール領域逸脱回数） |
| | | | Tier 4a | 事故につながる可能性のある MS ルール違反，漏れ数，および実効性を示す事象数 |
| | 行動側面 | MS により安全行動をルールづけ | Tier 4b | 各エレメントのプログラム実施状況評価（アクションフォロー状況など） |
| 安全文化 | 安全習慣 | 安全文化により安全行動への自発性を高める | Tier 4c | 安全活動への参加率，アンケートなど |

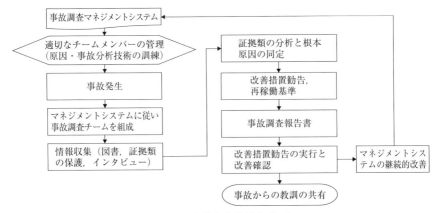

**図 5.23　一般的な事故調査プロセス**
[Center for Chemical Process Safety(CCPS), 2003]

具体的な事故の原因調査に用いる手法には以下のようなものがある．
- タイムライン解析（timeline analysis）
- シーケンスダイアグラム（sequence diagram）
- 原因因子分析（causal factor analysis）
- 事前要因解析ツリー（pre-defined tree）
- ロジックツリーアナリシス（logic tree analysis）
- TRIPOD

いずれの手法を用いるにしても，事故の根本原因を掘り下げる際にはプロセス安全の全体像も考慮に入れて検討を行うことが推奨される．多くの事故要因分析が，労働災害観点と安全文化に偏りがちな傾向にある．一見労働災害に見えるものでもプロセス安全の事故（漏洩）に通じる設備設計観点の根本原因が含まれていることがある．多面的な側面をあらかじめ視野に入れて検証することが望ましい．プロセス安全の有名な事故であるが，参考にBPテキサスシティ事故［US Chemical Safety and Hazard Investigation Board, 2007］に含まれる多面的な要因を表5.11に示した．

加えて，プロセス関連事故に関してはとくにハザード管理台帳に登録されている想定事故シナリオとの関連性に関しても確認して，必要に応じてHIRAの見直しおよびハザード管理台帳の改訂を実施し，具体的かつ継続的なプロセス安全マネジメントシステムの改善につなげることが重要である．

表 5.11 BP テキサスシティ製油所爆発事故におけるオブザベーション

| 原因カテゴリー | オブザベーション |
|---|---|
| 文　化 | 安全より経済性への傾倒<br>シフト間コミュニケーション不足<br>協力会社（サイトワーカー）への注意欠如 |
| マネジメントシステム | HAZOP/LOPA 不実施<br>定常的なスタートアップ手順へのバイオレーション<br>現場機器などの検査不足，もしくはメンテナンス手順時のエラー<br>協力会社に対するエリアコントロール・アクセス許可の不足 |
| 技　術 | 安全弁およびブローダウンドラムへの液吹きケースの不考慮<br>フレアシステムへの未接続<br>SIF の不採用 |

## 5.11　マネジメントシステムの統合

5.4 節の図 5.8 に示した通り，操業管理のためのマネジメントシステムとリスクベースプロセス安全管理のような変動管理のためのマネジメントシステムは目的に大きな違いがある．

そのため目的に応じて各々のマネジメントシステムを別途構築する方が容易である．しかし共通してリスクベースアプローチを採用する場合は，同じリスク基準を採用しリスクマネジメントプロセスを適用するマネジメントシステムとして統合を行うことも可能である．

表 5.12 に示すそれぞれのマネジメントシステムの特徴から，リスクベースによるマネジメントシステム統合のメリットとしては，以下が挙げられる．

① アクセル・ハンドル・ブレーキという全要素がそろう．

② 共通の"リスク"指標をもとに MS を横断した最適な判断やリソース配分が可能となる．

③ 実務者がクロスファンクショナルに MS 経験を積めることによるコンピテンシー開発効果が期待できる．

④ 実務上の処理の重複を回避し，実務担当者の負荷を軽減できる．

5.11　マネジメントシステムの統合　　*181*

表 5.12　マネジメントシステムの特徴

| マネジメントシステム（MS）の特徴 | 生産管理 MS | PSM/RBPS |
|---|---|---|
| 目　的 | 目標生産量を効率的に達成する | 事故を防ぐ，事故リスクを低減する |
| イメージ | アクセルとハンドル | ブレーキ |
| 典型的な組織構成 | 必要機能ごとに分化（ピラミッド構造） | タスクフォース型 |
| 担　当 | 全部署 | 安全環境グループ，分科会 |
| MS モデル | PDCA 型（ISO 型） | エレメント型 |
| 指　標 | 収益・歩留まり | 事故発生件数・リスク |

［ストラトジック PSM 研究会, 2022］

　ただしマネジメントシステムの統合とはいうものの，表 5.13 に示す通り，全体の PDCA サイクルと監査など特定のフレームワーク部分が統合されるものの，例えばリスクマネジメントの手法はそれぞれのマネジメントシステム目的に合った手法を別々に選定するなど，個別の柱としてのマネジメントシステム構成は維持せざるを得ない．

　また，表 5.14 に示す通り，マネジメントシステムごとに着目するリスクカテゴリー（労災，プロセス安全，環境など）が違うため，それぞれの事故時の影響度の評価の重みづけのバランスをとる（チューニングする）ことが重要となる．

　リスククライテリアと同様に，KPI の設定に関しても，遅行指標に関しては，それぞれのカテゴリーのインシデント発生件数をカウントする必要があるが，先行指標に関しては組織マネジメントシステムや安全文化のほころびなど，共通の尺度が当てはまるため一部統合した KPI 設計を行うとよい（図 5.24）．

182    5 リスクベースマネジメントシステムの実践

表 5.13 マネジメントシステム統合範囲のイメージ

| | 変動管理 | | | 操業管理 | |
| | PSM | E-RMP | OHS | EMS | QMS |
|---|---|---|---|---|---|
| 適用法規・規格・基準類 | xxx<br>(29CFR 1910) | xxx<br>(40CFR 68) | xxx<br>(ISO 45000) | xxx<br>(ISO 14000) | xxx<br>(ISO 9000) |
| MS エレメント | | | 全体<br>PDCA 要素 | | |
| 技術エレメント | PSM エレメント | PSM エレメント | 工事設計・工事手順リスク管理 | xxx | xxx |
| リスクマネジメントプロセス | HIRA 計画 | 環境リスクマネジメントプログラム | 労働安全リスクアセスメント計画 | ― | ― |
| 主要ハザードシナリオおよび重点管理項目 | xxx | xxx | xxx | ― | ― |
| モニタリング | PS-KPI | PS-KPI | OHS-KPI | xxx | xxx |
| 監査（適合性） | | | 統合監査 | | |
| 監査（有効性） | xxx | xxx | xxx | xxx | xxx |
| 改善項目および計画 | xxx | xxx | xxx | xxx | xxx |

［ストラトジック PSM 研究会, 2022］

5.11 マネジメントシステムの統合　　183

表 5.14　リスククライテリアのチューニング例

| 影響度レベル | 一般安全（61508） | | | | 削減目標事象頻度 [/年] |
| | プロセス安全（61511） | 機会安全（62061） | 環境影響 | 経済的影響 | |
|---|---|---|---|---|---|
| 1 | — | 回復可能，応急処置 | それほど深刻ではないが，工場管理者に報告が必要なレベルの軽微な損傷を伴う漏洩 | ＜USD 2 M | 特別な要求なし |
| 2 | — | 回復可能，医療手当 | 大きな影響を伴うが敷地内でおさまる漏洩事故 | ＜USD 5 M | $1 \times 10^{-3}$ |
| 3 | 1 名の重傷者または数名の軽傷者 | 回復不可の怪我，指を失う | 敷地外まで大きな影響を及ぼす漏洩事故で，かつ大きな長期的影響を残すことなくすぐに除去することが可能 | ＜USD 10 M | $1 \times 10^{-4}$ |
| 4 | 人命の損失または数名の重傷 | 死亡事故，失明や腕を失う | 敷地外まで大きな影響を及ぼす漏洩事故で，大きな長期的影響を残す，もしくはすぐに除去することができない | ＞USD 10 M | $1 \times 10^{-5}$ |
| 5 | 数名の死亡 | — | — | — | $1 \times 10^{-6}$ |
| 6 | 大規模な人命損失 | — | — | — | $1 \times 10^{-7}$ |

注）事業者のポリシーによりリスククライテリアの重みづけは変わる．

5 リスクベースマネジメントシステムの実践

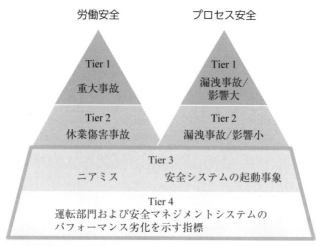

通常操業からの変位を認識するためには Tier 3/Tier 4 レベルの KPI が最重要

図 5.24　KPI の統合イメージ

# 6

# 安全文化

## 6.1 安全文化

　原子力業界では，"安全文化"に関する議論は 1986 年の旧ソ連のチェルノブイリ原子力発電所事故以降，活発に行われ始めた．とくに国際原子力安全諮問グループ（INSAG）が示してきた報告書は安全マネジメントから安全文化まで包括的に議論を展開しており，安全文化を理解するうえで参考になる．

　この一連の安全文化に対する議論の中で示された安全文化を構成するカテゴリーと要素を表 6.1 に示す［INSAG, 2002］．安全を達成するために必要な文化を，組織階層のトップ，管理者，個人に分解しそれぞれに必要な要素を示しているが，組織制度的側面から個人の姿勢に至るまで含まれている．一般的にいう"文化"よりも広範な要素を含んでいることが見てとれる．

　また図 6.1 に英国労働安全衛生局（HSE）が調査レポートの中で示している安全文化定義の一つを示す．表 6.1 で示した要素を以下 3 分野に括っていると考えるとわかりやすい．

- 状況側面：組織がもっているもの・マネジメントシステム
- 行動側面：安全に関わる行動・言動
- 心理的側面：個人と集団の価値観，態度や認識

　これらのさまざまな安全文化構築要素や定義を参考に，本書においては組織文化および安全文化を次のように定義し，安全文化を構築する要素を図 6.2 のように整理した．

- 組織文化：組織の行動や意思決定に影響を与えている，組織メンバーが共有

表 6.1 安全文化構築に必要な要素

| 安全文化 | カテゴリー | 要　素 |
|---|---|---|
| 安全文化の達成 | 組織のポリシーレベルのコミットメント | 安全ポリシーステートメント |
| | | マネジメント構成 |
| | | 適切なリソースの投入 |
| | | 自主的な規制 |
| | 管理者レベルのコミットメント | 責任の定義 |
| | | 安全な作業習慣の定義と管理 |
| | | 資格と訓練 |
| | | 賞罰 |
| | | 監査,レビューや比較 |
| | 個人のコミットメント | 常に問いかける姿勢 |
| | | 厳格かつ慎重なアプローチ |
| | | コミュニケーション |

［International Nuclear Safety Advisory Group (INSAG), 2002］

図 6.1　安全文化の定義
［Health and Safety Executive (HSE), 2005］

6.1 安全文化　　*187*

```
┌─────────────────────────┐   ┌──────────────────────────────────────┐
│ 組織の特性              │   │ 組織行動に影響を与える環境          │
│ ・仕事や技術分野の特徴  │   │ 外的要因                            │
│ ・組織の歴史            │   │ ・社会の風潮・トレンド              │
│ ・ビジネス環境          │   │ ・規制の関与の仕方                  │
│                         │   │ ・社会共通の価値観とその醸成具合    │
│                         │   │ 内的要因                            │
│                         │   │ ・組織                              │
└─────────────────────────┘   │     組織共通の価値観とその醸成具合  │
```

**組織の特性**
- 仕事や技術分野の特徴
- 組織の歴史
- ビジネス環境

**組織行動に影響を与える環境**

外的要因
- 社会の風潮・トレンド
- 規制の関与の仕方
- 社会共通の価値観とその醸成具合

内的要因
- 組織
    組織共通の価値観とその醸成具合
    職位による意見の強さ具合
    （職位バイアスか意見の正しさを追求するか）
    組織内世代の分布具合
    グループへの仕事の任せ方
- グループ
    所属グループメンバーの慣習，考え方や行動
    グループ内のコミュニケーション度合い
- 個人
    個人の価値観
    個人のスタイル（自分で考えながら仕事をするの
    が好きか，マニュアル通りにやりたいか）
    個人の"安全"への理解度合いとその優先度
    家庭の状況　　健康状況
- 作業環境
    評価のされ方（結果か過程か）
    ルールの浸透具合　　マニュアルや手順書のでき
    作業しやすい環境か（ツール，作業場所の環境）
    忙しさ

**マネジメントシステム**
- リーダーシップ
- 情報の共有
- リソースプラン
- MS 型
  （レジリエンス度合いの設計）
- マニュアル・手順書管理システム
- 評価システム
- 報酬システム
- 教育システム
- ベースラインの理解と継続改善

**図 6.2　安全文化の構成要素**

　　する行動原理や思考様式とその影響度合い

・安全文化：組織文化の中で安全の優先順位に影響を与えるもの

　本定義で示した大きな構成要素は，組織の特性・マネジメントシステム・組織行動に影響を与える環境の三つとしている．

　組織の特性は，仕事・技術分野の特徴，組織のもつ歴史やビジネス環境からなるもので，改善できるものではないが，組織文化の背景として大きな意味をもつものなので，自組織がどのような特徴をもっているかを理解しておくとよい．

　マネジメントシステムに関しては効果的な構築方法を第 5 章で説明済みであるが，安全文化側面ではとくに後述の HOF を適切に入れ込むためのインテグレーションプランが重要となる．

　組織行動に影響を与える環境には外的要因と内的要因があり，その両面を理解する必要がある．外的要因へは，ステークホルダーマネジメントを実施し，ス

テークホルダーと適切な関係性を保つ，もしくは影響を適切にマネージすることが重要となる．また内的要因に関しては，とくに作業環境がグループや人に与える影響を HF（human factors）理論をもとに検討を行い常に改善していくことが重要となる．

こうした重要項目を押さえて安全文化を醸成していく必要があるが，安全文化の醸成度合いを測る際には以下の 3 つのステージがあるといわれている［IAEA, 1998］．

- ステージ 1：ルールと法令に根差した安全
- ステージ 2：よい安全パフォーマンスが組織のゴールとなる．
- ステージ 3：安全パフォーマンスが常に改善される．

どのような組織も最初はステージ 1 から開始することになるが，組織活動を実施する中での経験を組織文化に反映し結果を確認するというトライ＆エラーを繰り返しながら次のステージへと改善をかけ続けることが肝要である．

ただし，安全文化は一度醸成されればそのまま何もしなくても維持できるものではなく，劣化しやすいといわれている．上述の安全文化醸成ステージ 3 の，常に改善を行うことができる組織文化が根づいた組織は，"信頼できる組織（学習する組織）" と呼ぶこともできる．信頼できる組織とは，常に望まないようなことが起こると想定して行動している組織のことだが，その緊張状態を常に保つことが難しい．表 6.2 に安全文化のほころびを示す兆候の例を列記する．常に組織の状況をモニタリングすることが重要である．

マネジメントシステムからの安全文化改善へのアプローチとして，図 6.3 にストラトジック PSM（SPSM）のマネジメントシステム理論を拡張した安全文化モデルを示す．安全文化はトップダウン型の組織制度（マネジメントシステム）による改善と，現場観点からのボトムアップ型改善の双方がバランスよく実施されていることが望ましい．日本型組織は広く理解されている共通のバリュー（shared value）があるため，通常の生産工程の効率化など目的が明確なものに対して自発的な改善を行うプロセスに強みをもつと考えられる．ただし "安全" や "リスク低減" という概念的な目標に対しては，このボトムアップ型自発的改善プロセスが効きにくい．第 5 章で示した SPSM コンセプトのゴール-ストラトジー-プロセスモデル，およびリスクマネジメントプロセスを組織のメンバーに共有し理解を得ることで，このボトムアップ型安全改善プロセスを活性化する必要がある．これには，マネジメントシステム側面でゴール-ストラトジー-プロセ

## 6.1 安全文化

表6.2 安全文化のほころび

| カテゴリー | 注意項目 | |
|---|---|---|
| 組織的問題 | 外部からの圧力 | 組織の孤立 |
| | 問題の不適切な解決 | 率直さの低下，風通しの悪化 |
| 規制上の問題 | 是正措置 | 独立した安全レビューの不足 |
| | 問題のパターン（繰返しなど） | 現実との乖離 |
| | 手順（手順書）自体の不適切さ | バイオレーション（違反） |
| | 問題や変更の評価の質 | 法令要求に対する緩和などの繰返しの要求 |
| 従業員の問題 | 過重勤務 | ジョブデスクリプションの理解 |
| | 必要なトレーニングを終了していない人の数 | コントラクター（協力企業）の雇用 |
| | 適切に能力要件を保証された経験のある人材の登用失敗 | |
| 技術的問題：プラントの状態 | | |

[International Atomic Energy Agency (IAEA), 1998]

強いプロセス安全（PS）リーダーが牽引する規範＆リスクベース融合型安全文化

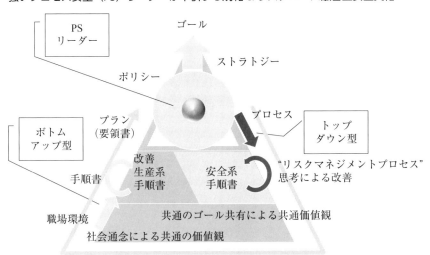

図6.3 ストラトジックPSM安全文化モデル

スモデル，およびリスクマネジメントプロセスを組織全体にフローダウンするトップダウン型改善と合わせて行う必要がある．そのためには，組織で中心となるプロセス安全エンジニアがリーダーシップを発揮することが重要となる．リーダーシップに関しては第7章で別途解説する．

リーダーシップはプロセス安全担当者にも必要であるが，組織文化を牽引するためにはトップの明確なコミットメントが重要である．リーダーシップを明確に見せる手段として"ポリシー"を明確に規定することが有効である．安全文化を牽引するという意味でも，第5章5.6.1項で解説した通り，できる限り具体的なプログラムを示す"ポリシーステートメント"を作成することが重要となる．

組織行動に影響を与える環境の改善については，次節HOFで説明する．

## 6.2 HOF

人間と組織ファクターのことをHOF（human and organizational factors）と呼ぶ．第2章2.8.17項で紹介したヒューマンファクターに"組織事故"防止側面を付加したものであり，安全文化を考える際に非常に参考になる．

多重防護系コンセプトを説明する際，図6.4に示すスイスチーズモデルが参照されることが多い．これはJames Reasonが『組織事故』［Reason, 1997］で提唱したモデルである．原典での主要論旨は，どんなに防護層を重ねても組織の状況（文化）によっては防護層の穴（欠陥）が大きくなる，もしくは，すり抜けてし

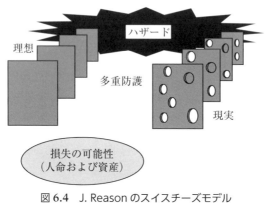

図6.4 J. Reasonのスイスチーズモデル
［Reason, 1997］

まうという問題提起を行うことであった．

また，この防護層の欠陥となる失敗（フェイラー）にはアクティブフェイラーとラテントフェイラーという2種類があるという重要な概念も紹介されている．

スイスチーズの穴を大きくする失敗には，操作手順などルールを積極的に逸脱する行為（アクティブフェイラー）と，組織全体として暗黙のうちに許容してしまっている状況（ラテントフェイラー）の2種類に大別できる．これは，明示的（explicit）と暗黙の（implicit）状況ともいわれる．組織に内在するアクティブ/ラテント（もしくは明示的/暗黙）双方の状況を把握・整理し改善していくことが重要となる．とくに組織が暗黙のうちにもつ共通理解や状況などは，外部の人間など組織の暗黙領域にとらわれない者が意識的に観察を行わない限り発見することが困難である．ただし組織事故の背景としてはこうした暗黙領域が絡むことが多いため，安全文化の醸成においては組織が暗黙のうちにもつ共通理解や状況の改善が必須である．

図6.5に示す通り組織において人の行動に影響を与える主要な要素は以下である．

- 組織自体とそのマネジメント（管理者・管理体制）
- 業務を行うグループ
- 職務環境
- 個人

前節で説明した通りこの行動に影響を与える部分が"安全文化"に当たる部分

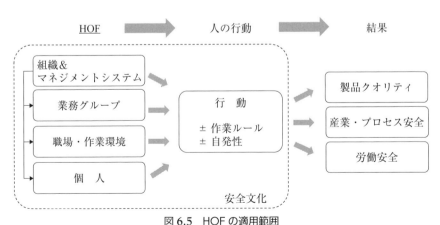

図6.5　HOFの適用範囲
[Foundation for an Industrial Culture（FONCSI），2011]

であるが，その行動の結果として生産性や品質への影響，プロセス安全への影響，労働安全への影響などさまざまな影響につながっていく．図 6.5 に示す範囲が，HOF の対象になる．

HOF 側面を改善するためには，その名の通り人の行動をよく理解することと組織の特徴をよく理解することの両面が必要となる．

人の行動特性とよくある誤解を表 6.3 にまとめる．人の行動特性を考慮すると，マネジメントシステムや安全文化を考える際にいくつか気をつけなければならないポイントが浮き上がる．

- 単純に手順書を守るといっても，実際には神経系からの命令伝達には環境や無意識分野の影響がある．
- 仕事のやり方の伝達は難しい（安全に重要なポイントが個人の知見のままとなり伝わらない可能性）．
- 業務を結果のみで判断することは個人が払った努力への注意を疎かにする．
- タスクを達成する際にあった難しさとそれを克服するための個人的努力は何か？
- （結果を達成するための個人の努力があまりに大きい場合は改善が必要）

---

**人間の行動特性**

- 人は誤りを犯しやすいものであり，どんなに優れた人でも誤りを犯す．
- エラーの起こりやすい状況とは，予測可能で，管理可能で，予防可能なものである．
- 組織のプロセスと価値観は個人に影響を与える．
- 人は，期待とフィードバックに基づいて高いレベルのパフォーマンスを達成する．
- 仕事に打ち込む人材は，よりよいパフォーマンスを発揮する．
- ヒューマンエラーが発生する理由を理解することで，インシデントを回避することができる．

**よくある誤解**

- ミスをした人を罰することで，ミスをなくすことができる．
- トレーニングは，人間のパフォーマンスに関するあらゆる問題の解決策である．
- 正しい結果に報酬を与えれば，誰もが適切な行動をとるようになる．
- 経験豊富なスタッフはミスをしない．
- すべてのエラーは排除しなければならない．
  注）すべてのエラーを排除しようとするより，人がポジティブに仕事に打ち込める環境を構築をした方がよい．
- 誰もが責任を問われれば，正しいことをするようになる．

図 6.6　人間の行動特性とよくある誤解
[Center for Chemical Process Safety (CCPS), 2011]

第 2 章 2.8.17 項でも紹介したが，人間の失敗の種類にはいくつかタイプが存在する．その中でもミステイクのタイプをさらに分類するモデルとして次のSRK（skill-rule-knowledge）モデルが有名である．

- スキルベースの行動（skill-based behavior）
  ➢ このモードは，高度に訓練された，主に身体的な動作を，ほぼ自動的にスムーズに実行することを指し，意識的な監視は事実上存在しない．スキルベースの反応は一般に，何らかの特定の事象によって開始される．例えば，バルブ操作の要求は，アラーム，手順，または他の個人から生じる可能性があり，その結果，高度に訓練された操作が，ほとんど何も考えずに実行されることになる．追加的な安全装置がなければ，実行者が意識的に関与することができないため，スキルベースのエラーを防ぐことは困難である．

- ルールベースの行動（rule-based behavior）
  ➢ これらの行動は一般に，個人がその状況に適していると考える，あらかじめ定義されたルールセットを実行することを指す．望ましい行動（すなわちルール）はすでに定義されているため（例えば，文書化された手順や文書化されていない手順），個人はほとんど考えずにこれらの行動を実行する傾向がある．ルールベースの行動は，スキルベースの行動と知識ベースの行動の中間に位置する．

- 知識ベースの行動（knowledge-based behavior）
  ➢ 人間はほぼ意識的にタスクを遂行する．これは，初心者がタスクを実行する場合や，経験豊富な人がまったく新しい状況に直面する場合に起こる．いずれの場合も，状況を判断するためにかなりの精神的努力を払わなければならず，その反応は鈍くなりがちである．さらに，知識ベースの行動を使用する場合，当人は自分の行動に対するシステムの応答を監視し，望ましい結果が生じたかどうかを判断する．これもまた，彼らの反応を遅くする．

こうした人間の特性を理解したうえで，表 6.3 に示す例を参考に対応を検討するとよい．

次に，組織の特徴をとらえそれに応じた対策を検討する必要がある．組織の特徴は以下のような因子に左右されるといわれている．

- メンバーの数（グループの大きさ），グループの大きさの変動

194    6 安全文化

表 6.3 SRK タイプごとの対応例

| エラータイプ | 対策例 |
| --- | --- |
| スキルベースの行動（skill-based behavior） | スキルベースのトレーニング<br>エラー防止<br>インターロック<br>人間工学 |
| ルールベースの行動（rule-based behavior） | 効果的な手順書<br>第三者による検証<br>行動を実施する時点での情報 |
| 知識ベースの行動（knowledge-based behavior） | 知識ベースのトレーニング<br>意思決定支援ツール<br>スタッフのリソース管理<br>従来型の報酬とインセンティブ |

［Reason, 1997］

- 組織運営に関しての形式要求度合い（官僚組織型か否か）
- 組織階層度合い
- 訓練度合い（行動を制御できている度合い）
- 参加の自由度もしくは規制度合い
- グループなどへの参加もしくは辞退の自由度
- グループの安定度（長期間同じか）
- グループメンバーの親密度
- サブグループの存在有無とサブグループ間の摩擦の存在有無

　組織の現在の特徴を把握したうえで，表 6.4 に示す"学習する組織"に改善していくことが望ましい．表 6.5 に示す HOF が組織影響を与える因子，表 6.6 に示すエラーが生じやすい状況，およびその改善案を参考にすると，マネジメントシステムや文化の改善ポイントを定めやすい．

　こうした人や組織の特徴を考えると，操作エラーを発生する原因が例えば単純に手順書の有無だけで決まるものでないことがわかる．表 6.7 に，ルールとパフォーマンスの関連を整理する．よい手順書がありそれを正しく実行することで，正しいパフォーマンスを発揮することは当然であるが，悪い手順書があった場合はこれに反して自ら考え実施する方が正しいパフォーマンスにつながる（正しいバイオレーション）．またそもそも手順書がない場合は，即興でのアクショ

表 6.4　学習する組織の傾向

| 要　素 | 内　容 |
|---|---|
| システム思考 | 直接的な原因と結果の連鎖ではなく相互関係を見る考え方<br>変化の過程を見ることに意識する<br>行動の"フィードバック"から，どのように行動を補強できるか理解する<br>何度も繰り返される"構造"の種類を認識し，学習へと発展させる |
| パーソナルマスタリー | 個人的なビジョンを絶えず明確にし，深め，エネルギーを集中させ，忍耐力を養い，現実を客観的に見る<br>個人的なビジョンをもっていて，同時に現在の状況を客観的に見ているならば，その二つの差は"創造的緊張"となる<br>緊張は，現在の状況から求めるビジョンへと移行する原動力となる |
| メンタルモデル | 状況をどのように理解し，どのように行動するかに影響を与える，深い思い込み，一般論，あるいはイメージのこと<br>内的なイメージを掘り起こし，それを表面化させ，精査し学ぶ訓練を行う<br>探究する姿勢と自己弁護のバランスを保ちながら"学習的"な会話を続ける能力を養う |
| シェアードビジョン | 共有された"未来像"を掘り起こすこと<br>コンプライアンス（法令遵守）ではなく，真のコミットメントと参加意識を育むための実践方法 |
| チームラーニング | 対話とディスカッションという，チームが会話する二つの方法を習得するための学問<br>対話では，複雑で微妙な問題を自由かつ創造的に探求し，互いの意見に深く"耳を傾け"，自分の意見を保留する<br>対照的に，ディスカッションでは，異なる見解が提示され，対立意見による弁護があり，現時点で下すべき決定を支える最良の見解を模索する<br>対話とディスカッションは補完的なものであるが，ほとんどのチームはこの二つを意識的に使い分ける能力に欠けていることが多い |

［Department of Energy（DOE），1997］

ンになるか自らの知識ベースでの行動をせざるを得ない．この際は手順書があるケースよりは高い確率で失敗することにつながる．このような関係性を図6.7に示す．

　このように手順書の有無だけではヒューマンエラーを低減していくことは難しい．このヒューマンエラーを低減していくためには，図6.8に示す"先行事象-行動-結果プログラム"のように事前のトレーニングなどを結果に対するフィードバックで期待されるパフォーマンスに一致させていく改善サイクルを確立する

196    6　安　全　文　化

表 6.5　HOF に影響を与える因子

| カテゴリー | 影響項目 |
|---|---|
| 業務要因 | ・標識，信号，指示，その他の情報の明確さ<br>・システム/機器のインターフェース（ラベリング，アラーム，エラー回避/許容範囲）<br>・仕事の難易度/複雑さ<br>・ルーチンワークか通常業務か<br>・注意の分散<br>・手順が適切または不適切<br>・作業の準備（許可，リスクアセスメント，チェックなど）<br>・利用可能な時間/必要な時間<br>・作業に適した道具<br>・同僚，監督，協力企業，その他とのコミュニケーション<br>・作業環境（騒音，熱，空間，照明，換気） |
| 人的要因 | ・身体的能力および状態<br>・疲労（一時的，または慢性的）<br>・ストレス/モラル<br>・仕事の過負荷/過少負荷<br>・状況に対処する能力<br>・モチベーション対ほかの優先事項 |
| 組織要因 | ・仕事のプレッシャー（生産対安全など）<br>・監督/指導のレベルと質<br>・コミュニケーション<br>・業務に対する配員の数が適切か<br>・同僚からの圧力<br>・役割と責任が明確か<br>・規則/手順に従わなかった場合の結果が明確か<br>・組織的学習（経験から学ぶ）の有効性<br>・組織文化または安全文化（例：誰もが規則を破る） |

［Health and Safety Executive（HSE），2024］

表6.6 エラーが生じやすい状況

| エラーが生じ やすい状況 | 予想されるパフォーマンスギャップ | 状況を改善するための手段 |
|---|---|---|
| 同時複数タスク | 作業者はマルチタスクを試みるが，必然的に一方の活動に集中し，他方の活動が犠牲になる（運転中に携帯電話で話すなど）．作業者は，これらの作業の手順を混同したり，一方の作業の手順を他方の作業に適用しようとしたりする | あるタスクの手順が別のタスクに誤って適用されるのを防ぐために，エラー防止するための手段を提供する 類似しているが，いくつかの重要な手順が異なる作業に，集中的に取り組む．運転などの安全が重要な作業については，携帯電話の使用など，他の作業の同時実行を制限することを検討する |
| 信頼性の低い/ 動作不能な機器 | 設備が思うように作動しない場合，職員はその困難を克服し，任務を遂行するための新しい方法を“発明”する．通常，こうした革新的な解決策は，変更管理の審査プロセスを回避する | 機器を操作可能な状態に維持し，速やかに修理を行って機器を使用可能な状態に戻す 変更管理プロセスを使用して，一時的および恒久的な変更を管理する |
| タスクに対する 十分なメンタル モデルの欠如 | メンタルモデルとは，複雑なプロセスに対する人間の単純なモデルである．不正確なモデルは，しばしば間違いを引き起こす．プロセス全体の温度，圧力，流量，レベルの関係についての個人（またはグループ）のモデルが間違っていると，新しい状況に適切に対応することができない | 機器の操作の背後にある概念を理解するために，十分な訓練と経験を要員に提供すること．これにより，異常運転の原因を正しく診断できるようになる．模擬訓練やシミュレーションを使用し，要員が通常の限界を超えたプロセス動作を探求できるようにする．タスクの実行方法だけでなく，タスクがそのように構成されている理由を強調する |

［Center for Chemical Process Safety（CCPS），2011］

表6.7 ルールとパフォーマンスの関連

| | よいルール （よい手順書） | 悪いルール （悪い手順書） | ルールなし （手順書なし） |
|---|---|---|---|
| 正しいパフォーマンス実施 | 正しい準拠 | 正しいバイオレーション | 正しい即興 |
| 誤ったパフォーマンス実施 | ルール逸脱 | 誤った準拠 | ミステイク（失敗） |

［Reason, 1997］

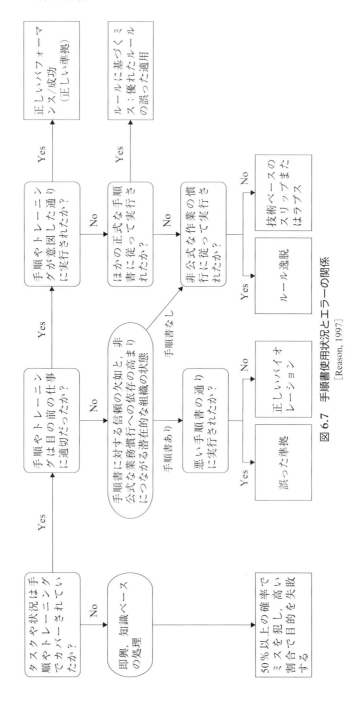

図 6.7 手順書使用状況とエラーの関係

[Reason, 1997]

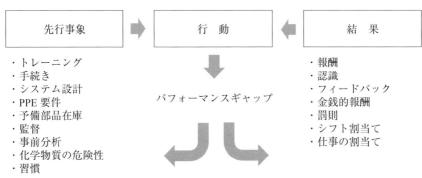

**図 6.8　先行事象-行動-結果プログラム**
[Reason, 1997]

か，より総合的なアプローチとして，図 6.9 に示す"HPT（human performance technology）プログラム"のようにまず特定されたパフォーマンスギャップに対して"ゴール，ストラトジー，バリュー，目的"と"マネジメントシステム・文化"側面から改善を継続的に回していくアプローチが有効である．

いずれにしても，安全文化と同じようにリーダーシップによる価値の共有と，マネジメントシステムと組織文化を合わせた総合的な対策が必要ということがこれらのモデルからもわかる．

*200*　6　安全文化

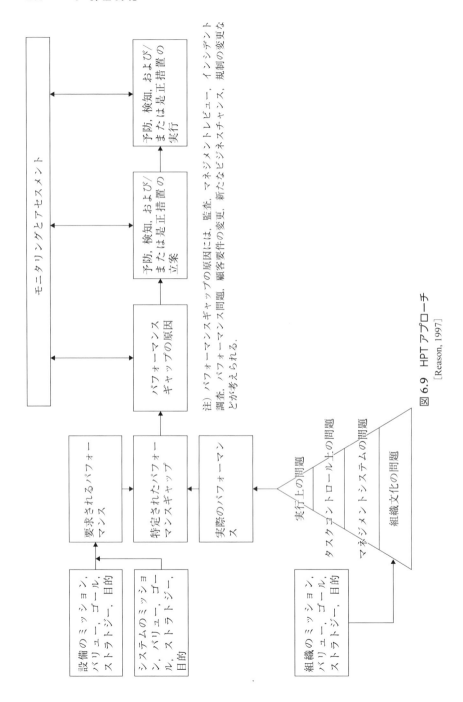

図 6.9　HPT アプローチ
[Reason, 1997]

7

# 人的マネジメントスキル

　マネジメントシステムをうまく構築したとしても，運用を担当する"人"の特性（例えば，コミュニケーションのとり方など）によってその有効性が変わってくる．

　本章では，プロセス安全管理を実施する担当者にとって重要となる人的マネジメントスキルを解説する．

## 7.1　リーダーシップ

　リーダーシップは広い意味合いで使われる言葉であるが，プロセス安全マネジメントの観点では，組織の中で目標を定め，優先順位を決め，基準を定め，それを維持しながら成果を出す能力と定義するとわかりやすい．

　"成果"「P：目標達成機能」（performance）と"維持"「M：集団維持機能」（maintenance）という2軸でリーダーシップの行動評価をするのがPM理論である（図7.1）．つまり一般的には，リーダーのゴール設定力（および共有力）と組織管理力双方がそろって最も高い成果を発揮できるようになる．

　しかしリーダーシップの難しさは，環境によって求められる，もしくは成果を出しやすいスタイルが変わるところにある．

　例えば，比較的環境変化の少ない平時のリーダーシップは，組織の目標・課題をメンバーによって効率的に，かつ，より高いレベルで達成することが目標となる．結果として，外的・内的報酬との交換によりリーダーシップを発揮する交換型リーダーシップが適しているといわれている．

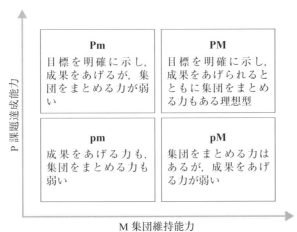

図 7.1 PM モデル

一方で,変革期におけるリーダーシップは,これまでの考え方とは異なる組織をつくり出すようなリーダー,あるいは組織のために自己利益を超越して行動することをメンバーに啓発し,影響を与える変革型リーダーシップあるいはカリスマ型リーダーシップが適しているといわれる.

リーダーがリーダーシップを発揮し成果を得るためには,リーダーが示すビジョンが組織に定着するまで維持し続ける必要がある.ビジョンを浸透させていくためには以下が重要となる.

- 行動がブレないこと(いっていることと振る舞いが一致すること)
- 決断がブレないこと(予算配分・配員・評価などでも理想・目標に合致しているか)
- 価値観・信念の明示化と繰返しメンバーに意識させる仕組み(もしくは繰返し語られるエピソードなど)

PSM 導入期においては,とくに目標を設定し共有する変革型リーダーシップが必要になってくる.組織内でプロセス安全をリードしていくためには,自己利益を超越した組織のための行動やブレない判断・言動で組織に影響を与えていくことが重要となる.

こうしたリーダーシップを発揮するために望ましい態度を以下に挙げる.

- 安全性を追求する信念,誠実さ,厳格さ
- 自分たちの立ち位置を正確に認識する謙虚さ

- 周囲の環境，動向を注視し，理解できる知的好奇心（curiosity management level）
- 適切な人材を適切なポジションに配置する組織構築力
- チームの力を最大限信じ，裏方に徹する（手柄はチームのもの，失敗は自分のもの）
- 一度決めた方針を継続する意思力

第6章6.1節の図6.3にストラトジックPSMコンセプトの安全文化モデルを示した．これは，安全文化を醸成していくために，プロセス安全エンジニアがリーダーシップによってトップダウンとボトムアップの改善を牽引するモデルである．このリスクベースプロセス安全マネジメントシステムの中心となり，リスクを最小限に維持し続けるため必要なリーダーシップを発揮するために必要なマネジメントスキルをより具体的に示すと以下の項目となる．

- 複雑な状況でこそ重要な要素に着目しシンプルな戦略を示す．
- ゴール・目標を"ビジュアル化"して伝える．
- リーダーはカリスマ性ではなく，高い目標を真摯に達成しようとする態度により組織を活気づかせる．
  - 手順に盲目的に従う官僚組織システムではなく，組織メンバーのリスクマネジメントプロセスに基づく自発的な規律が自然とマネジメントシステムを形づくるイメージ
- サーバントリーダーシップ
  - 自分が目立つのではなく，メンバーが活躍できるようにサポートする
  - メンバーの声を積極的に聞く．
  - チームを信頼し任せる．

## 7.2　ファシリテーションスキル

本章での"ファシリテーション"とは，2人以上のグループ内のコミュニケーションにおいて，議論の目的についてグループ内の意見を効果的に抽出し，建設的な議論を行うように論点を明確にし，よりよい結論を導くとともに合意形成を図る一連の流れのことをいう．多くの場合，そのような機能は会議の議長役に求められることが多いため，議長役のことを"ファシリテーター"と呼ぶこともある．

ファシリテーターのスキル度合いにより，会議の出席者からの意見の抽出度合いも変われば，議論の深みも変わるため，結果として議論の結果で合意できなかったり，よりよい結論があるにもかかわらず見落としてしまう可能性がある．意思決定やプロセス安全であれば，HAZOP や LOPA のようなワークショップ形式でのブレインストーミングを要するもののクオリティに大きな影響を与えることになる．

一般的によいファシリテーションを行うためのポイントは以下が挙げられる．

- 質問する姿勢
  - ➢ 疑問をもつ，ぶつける．
- 学ぼうとする姿勢
  - ➢ ファシリテーターはできるだけ参加者の疑問やその背景を聞き出すこと．不満げな表情の人には必ず聞く．
- 会　議
  - ➢ 会議の目的やゴールイメージの共有のための事前準備は大事だが，会議でしっかりと意見を吸い上げることが会議の本質
  - ➢ 最初用意したゴールが変わることがあるが，それはよりよいゴールになっていることを理解する．
- 会議の終わり方の種類
  - ➢ 合意達成（初期プラン通り）
  - ➢ 合意達成（初期プランと変わり，出席者の意見を吸い上げてゴールを修正）
  - ➢ 合意失敗 ⇒ ただし次善の策となる情報が得られれたと考えること（発散，紛糾を恐れない．1回で合意形成されることが多い場合，形骸化している可能性も）
- 個人のタイプに合わせたコミュニケーションスキルを確立する．

とくにプロセス安全に関するファシリテーションでは，上記のポイントに加えて以下のポイントも考慮すること．

- プロセス安全での基本となる考え方
  - ➢ プロセス安全全体像（原因，結果，オリジナルリスク，対策）
  - ➢HAZID thinking
  - ➢HAZOP thinking
  - ➢ベストプラクティス/RAGAGEP

> ➤ALARP

> ➤PSM/RBPS

> ➤ 安全分野分類

- ゴール

> ➤ "0 or 100" の議論ではなく，関係者の合意形成を達成すること（少しでも入れ込めれば安全性は向上する）

> ➤ 安全だけでなくトータルにみて ALARP なのか

- 姿　勢

> ➤ 関係者の意見をよく聴くこと．

> ➤ 関係者からの発言は必ず何か意味がある．

> ➤ ただし発言者もその重要性を理解していない可能性があるので，PS 知識体系のどこの話をしているのかを探ること．

> ➤ 発言しやすいような応対を心掛ける．否定系から入らない．

> ➤ 自分自身が常に正しいとは限らない．知的謙虚さを常にもつこと．

- 準　備

> ➤ 意見を引き出すために，事前に全体像およびその中での問題点を整理した資料を準備しておくことは重要

## 7.3　コンピテンシーマネジメント

　組織内のプロセス安全管理能力を高めるため，プロセス安全に関わるものは，プロセス安全関連業務を実施するために十分な知見をもつことが必要となる．

　個人ごとだけでなく組織全体のプロセス安全コンピテンシー（能力要件）を担保するためには，職務内容に応じた能力要件を満たすかどうか定期的にアセスメントを実施し継続的に改善する必要がある．これをコンピテンシーマネジメントと呼ぶが，とくに安全計装システム（SIS）設計で用いられる機能安全の枠組みの中で担当者のコンピテンシーを保証しようというアプローチがよく発達している［HSE, 2007］．

　継続的改善プロセスを回すためには，図 7.2 に示すように，担当するロールと，そのロールに含まれるアクティビティに分解したうえで，それぞれのアクティビティを実施するために必要な能力要件を定義することが重要となる．そのうえで，担当者がロールに必要な能力要件を満たしているかどうか定期的にアセ

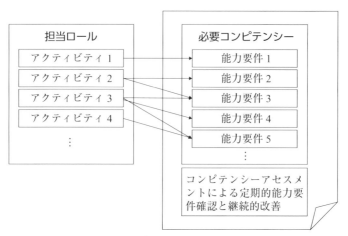

**図 7.2　コンピテンシーマネジメント概念**
［ストラトジック PSM 研究会, 2022］

スメントを実施する.
1. 必要なロールとアクティビティごとの必要能力要件を定義
2. コンピテンシーアセスメントの実施
3. 対象者ごとにアセスメントを実施
4. 対象者ごとのアセスメントシートを作成
5. コンピテンシーアセスメントの結果をもとに継続改善を行う.

　プロセス安全に関連する業務を実施する担当者を明確にし，それぞれのロール（担当業務）に応じた能力要件を満たしているか継続的に確認・改善する組織全体に対するコンピテンシーマネジメントプログラムを計画・実施していくことで，組織自体のプロセス安全コンピテンシーを担保できるようになる（図 7.3）.

**マネージャー**
(組織マネジメント知見)
セーフティケース概念(CAE：claim, argument, evidence)，自律証明
RBPS エレメント，リスクプロファイルの把握，リスク情報フロー設計，ALARP 証明
PSM エレメント，管理システム論，組織論，コンピテンシーマネジメント

**実施者**
(技術知見)
事故影響評価，信頼性評価，QRA，SCE，機能要求，ヒューマンファクター
セーフティケース(技術面)
全体レイヤーバランス評価，リスククライテリア，被害想定など
生産・プロセス技術，プロセス安全装置，運転手順，安全運転限界，単一故障シナリオ

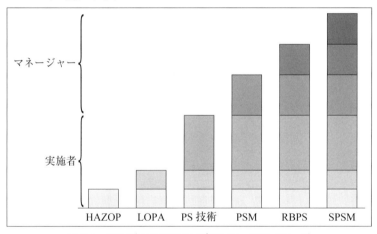

図7.3　職位ごとの必要コンピテンシー設定イメージ
［ストラトジック PSM 研究会, 2022］

# 8

# 環境と社会への影響

　本章では化学プラントが環境や社会に与える影響，およびプロセス安全と関連して同様のプロセス事故が及ぼす環境や社会へのリスク，およびリスク削減のための対策について解説する．

　化学プラントは通常操業においても一定の環境・社会影響が考えられる．そのため建設を行う前に環境や社会への影響を評価する必要がある．こうした建設および通常操業による影響を評価する手法を環境影響評価（EIA：environmental impact assessment）と呼び，主に以下に示す項目について影響を評価する．

- 排気
- 排水
- 騒音・振動
- 光源（フレア，照明）
- 二酸化炭素排出
- 廃棄物

加えて，通常操業からずれが生じ漏洩事故が発生した場合は，事故による環境汚染などの影響を生じる可能性がある．このような事故時の環境影響リスクの最小化にはプロセス安全と同じ枠組みが適用できる．主な評価項目は以下となる．

- 敷地外への環境・健康被害
- 海洋汚染
- 土壌汚染
- 地下水汚染

また操業中だけでなく，建設工事中にも大きな環境影響が出る可能性があるた

210    8 環境と社会への影響

```
┌─────────────────────────────────┐  ┌─────────────────────────────────┐
│ 設備設計期間の環境リスク考慮     │  │ 通常運転時の環境マネジメント     │
│ ・環境設計オプション選定         │  │ ・環境クリティカルエレメントと機能要求管理 │
│ ・設備設計環境性能レビュー       │  │ ・環境マネジメントプラン         │
│ ・環境影響評価                   │  │     廃棄物処理                   │
│    ENVID   大気への影響          │  │ ・環境モニタリングプラン         │
│    水質への影響   土壌への影響   │  │ ・ステークホルダーマネジメント   │
│    生態系への影響   住環境への影響 │  │                                 │
│    社会への影響                  │  │                                 │
│ ・事故リスクアセスメント         │  │                                 │
│ ・環境リスクレジスター           │  │                                 │
│ ・環境クリティカルエレメントと機能 │  │                                 │
│   要求設定                       │  │                                 │
│ ・BAT デモンストレーション       │  │                                 │
└─────────────────────────────────┘  └─────────────────────────────────┘

┌─────────────────────────────────┐  ┌─────────────────────────────────┐
│ 建設工事期間の環境マネジメント   │  │ 緊急時の環境マネジメント         │
│ ・環境影響評価                   │  │ ・事故リスクアセスメント         │
│    ENVID   大気への影響          │  │ ・PSM                           │
│    水質への影響   土壌への影響   │  │ ・緊急時対応プラン               │
│    生態系への影響   住環境への影響 │  │                                 │
│    社会への影響                  │  │                                 │
│ ・環境マネジメントプラン         │  │                                 │
│     廃棄物処理                   │  │                                 │
│ ・環境モニタリングプラン         │  │                                 │
└─────────────────────────────────┘  └─────────────────────────────────┘
```

図 8.1   環境リスクマネジメントとして考慮すべき範囲

め，プロセス安全で考慮すべき分野よりも広範な範囲での考慮が必要となる．環境リスクマネジメントとして考慮すべき範囲を図 8.1 に示す．

　次項以降にこれらの環境と社会影響の評価手法およびマネジメント手法を紹介する．

## 8.1  環境影響評価

　日本では，開発の規模が大きく環境に著しい影響を及ぼすおそれのある事業について環境影響評価が必要となる．事業規模の大中小判断は開発の項目ごとに定められている．環境影響評価の実施手順は以下となる．

1.  計画段階の環境配慮
2.  対象事業の決定
3.  環境影響評価範囲（アセスメントなど実施対象）の決定（スコーピング）

4. 環境影響評価の実施
5. 環境影響評価の結果について意見を聴く手続き
6. 環境影響評価の結果の事業への反映
7. 環境保全措置などの結果の報告・公表

環境影響評価の結果得られた改善勧告を開発・事業計画に反映させることにより，事業が環境の保全に十分に配慮がなされるようにする仕組みである．

環境影響評価で評価すべき環境要素としては以下が挙げられている．

・大気
・水
・土
・生物
・植生
・静けさ
・都市気温
・化学物質
・資源・廃棄物
・建造物影響
・都市アメニティ

また 1988 年，「特定物質の規制等によるオゾン層の保護に関する法律」（オゾン層保護法）が制定され，1989 年 7 月からオゾン層破壊物質の生産および消費の規制が開始された．また 2005 年には CDM（クリーン開発メカニズム）を含む京都議定書が発効．温室効果ガス（$CO_2$ など）による環境影響削減への取組みが始まったこともあり，二酸化炭素排出の削減取組みも重要な評価指標である．例えば天然ガスには一定量の二酸化炭素が含まれるが，LNG 生産設備では LNG 生産量あたりの二酸化炭素排出量を指標として他プラントとのベンチマークをすることで，できる限りの排出量削減の取組み努力を促している（図 8.2）．二酸化炭素排出量を削減するためには，地中隔離などの技術を使うか，CDM ないしは炭素税や植林への出資などの政治的な手段（主に海外での事例）を使うか，などが検討されている．

*212*　8　環境と社会への影響

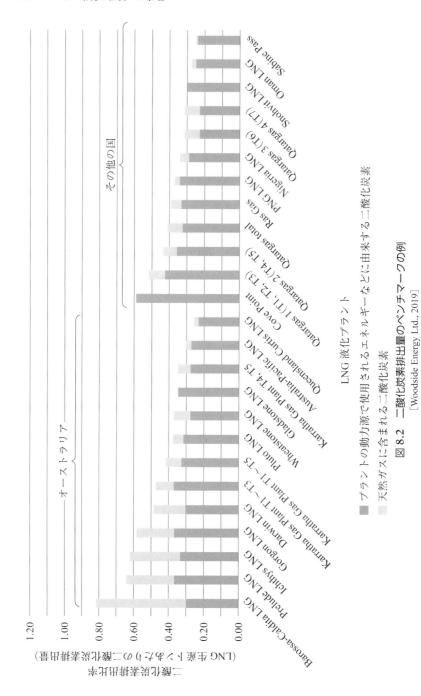

**図 8.2**　二酸化炭素排出量のベンチマークの例
[Woodside Energy Ltd., 2019]

## 8.2 大気拡散評価モデル

　環境影響評価の中には，いくつか影響を定量的に評価するための解析項目（アセスメント）が含まれる．プロセス安全管理で求められる火災や爆発による事故影響評価との大きな違いは，影響度を評価する時間幅である．環境影響評価が通常操業における環境影響を主な対象としているため，煙突などの固定排出源からの環境に影響のある物質（代表的には $NO_x$ や $SO_x$ など）の排出が大気の品質基準にどの程度の影響を与えるかを評価するものとなる．火災や爆発の事故影響は比較的短時間で完結する現象であるため，評価対象の時間幅は短い（数秒〜10分程度まで）．一方で環境への影響は長期間にわたるものであるため，その評価時間幅も通常1時間〜1年と比較的長いスパンの平均値を評価する必要が出てくる．

　本節では，環境影響評価の中で代表的な解析の一つである大気拡散解析手法について，火災・爆発などプロセス安全系解析との違いを中心に紹介する．

　大気へ物質が放出された際の濃度分布予測には，大気境界層でのマクロな拡散挙動をもとにした拡散予測式が用いられる．大気境界層で生じる乱流による拡散を，拡散係数（$\sigma$）という主に観測結果から得られたパラメータを用いて表現している．

　大気拡散評価モデルとして，最も基本的な予測式はプルーム式とパフ式と呼ばれる式になる．式を以下に示す．プルーム式は有風時（風速1 m/s 以上）に，またパフ式は弱風時（風速0.5 m/s〜0.9 m/s）・無風時（風速0.4 m/s 以下）に適用する．

プルーム式

$$C = \frac{Q}{2\pi u \sigma_y \sigma_z} \exp\left[-\frac{(y-y_0)^2}{2\sigma_y^2}\right] \left\{ \exp\left[-\frac{(H_e-z)^2}{2\sigma_z^2}\right] + \exp\left[-\frac{(H_e+z)^2}{2\sigma_z^2}\right] \right\}$$

パフ式

$$C = \frac{q}{(2\pi)^{3/2}\sigma_x\sigma_y\sigma_z} \exp\left[-\frac{(x-x_0)^2}{2\sigma_x^2} - \frac{(y-y_0)^2}{2\sigma_y^2}\right] \left\{ \exp\left[-\frac{(H_e-z)^2}{2\sigma_z^2}\right] \right.$$

$$\left. + \exp\left[-\frac{(H_e+z)^2}{2\sigma_z^2}\right] \right\}$$

ここで，$C$：濃度，$x$：風下距離(m)，$y$：煙中心から横方向の距離(m)，$z$：地表面からの高さ(m)，$\sigma_y$：水平方向の濃度分布の標準偏差(m)[*1]，$\sigma_z$：鉛直方向の拡散幅(m)[*1]，$H_e$：煙突の高さ(m)(有効煙突高度)，$Q$：煙の単位時間あたりの放出量($m^3$/s)，$q$：煙の放出量($m^3$)，$u$：風速(m/s)である．$\sigma$（拡散係数）には，表 8.1 から該当する大気安定度のときの値を用いる．

有効煙突高は煙突実体高とガスの上昇高との和となる．有風時にコンカウエ式を，弱風時・無風時にはブリッグス式を用いるのが一般的である．どちらも煙突からの高温排ガスの放出を想定しており，高温による周辺大気との密度差による浮力による上昇分を加味するための式である．排出ガスが高温の場合，より大きな上昇効果が期待できる．

コンカウエ式，有風時（1.0 m/s 以上）

$$H_e = H_0 + \Delta H$$
$$\Delta H = 0.175 \cdot Q_H^{1/2} \cdot u^{-3/4}$$
$$Q_H = \rho \cdot C_p \cdot Q \cdot \Delta T$$

ここで，$H_e$：有効煙突高度(m)，$H_0$：実煙突高度(m)，$\Delta H$：排ガス上昇度(m)，$Q_H$：排出熱量(cal/s)，$\rho$：排ガス密度，$C_p$：定圧比熱，$Q$：総排出ガス量(湿りガス量)($Nm^3$/s)，$\Delta T$：排ガスと気温の温度差(近似的に排ガス温度を $T_g$ として $\Delta T = T_g - 15$ とする)，$u$：風速(m/s)である．

ブリッグス式，無風時（1.0 m/s 未満）

$$H_e = H_0 + \Delta H$$
$$\Delta H = 1.4 \cdot Q_H^{1/4} \cdot \left( \frac{d\theta}{dz} \right)^{-3/8}$$

ここで，日中 $(d\theta/dz) = 0.003$ ℃/m（平均的温度勾配），夜間 $(d\theta/dz) = 0.010$ ℃/m（等温層）である．

煙の排出速度が風速と同程度かそれ以下の場合に，煙が煙突下流側に発生する渦に巻き込まれ下降してくる現象が考えられる．これをダウンウォッシュと呼び，高濃度汚染の原因の一つといわれている．また煙突周辺に高い建物が存在する場合もダウンウォッシュが発生する場合があるため，煙突と煙突周辺の建物および

---

[*1] パスキルの拡散係数を使用（表 8.1）

8.2 大気拡散評価モデル　　*215*

表 8.1　パスキルの拡散係数

$\sigma_y(x) = \gamma_y \cdot x^{\alpha_y}$

| 安定度 | $\alpha_y$ | $\gamma_y$ | 風下距離 $x\,[\mathrm{m}]$ |
|---|---|---|---|
| A | 0.901<br>0.851 | 0.426<br>0.602 | 0〜1,000<br>1,000〜 |
| B | 0.914<br>0.865 | 0.282<br>0.396 | 0〜1,000<br>1,000〜 |
| C | 0.924<br>0.885 | 0.1772<br>0.232 | 0〜1,000<br>1,000〜 |
| D | 0.929<br>0.889 | 0.1107<br>0.1467 | 0〜1,000<br>1,000〜 |
| E | 0.921<br>0.897 | 0.0864<br>0.1019 | 0〜1,000<br>1,000〜 |
| F | 0.929<br>0.889 | 0.0554<br>0.0733 | 0〜1,000<br>1,000〜 |
| G | 0.921<br>0.896 | 0.0380<br>0.0452 | 0〜1,000<br>1,000〜 |

$\sigma_z(x) = \gamma_z \cdot x^{\alpha_z}$

| 安定度 | $\alpha_z$ | $\gamma_z$ | 風下距離 $x\,[\mathrm{m}]$ |
|---|---|---|---|
| A | 1.122<br>1.514<br>2.109 | 0.0800<br>0.00855<br>0.000212 | 0〜300<br>300〜500<br>500〜 |
| B | 0.964<br>1.094 | 0.1272<br>0.0570 | 0〜500<br>500〜 |
| C | 0.918 | 0.1068 | 0〜 |
| D | 0.826<br>0.632<br>0.555 | 0.1046<br>0.400<br>0.811 | 0〜1,000<br>1,000〜10,000<br>10,000〜 |
| E | 0.788<br>0.565<br>0.415 | 0.0928<br>0.433<br>1.732 | 0〜1,000<br>1,000〜10,000<br>10,000〜 |
| F | 0.784<br>0.526<br>0.323 | 0.0621<br>0.370<br>2.41 | 0〜1,000<br>1,000〜10,000<br>10,000〜 |
| G | 0.794<br>0.637<br>0.431<br>0.277 | 0.0373<br>0.1105<br>0.529<br>3.62 | 0〜1,000<br>1,000〜2,000<br>2,000〜10,000<br>10,000〜 |

［公害研究対策センター, 2000］

構造物の位置関係にも配慮する必要がある.

　環境影響評価の大気拡散評価においては，年間の平均的な寄与濃度である長期平均寄与濃度（以下，年平均値という）と，一定の気象条件下における短期寄与濃度（以下，1 時間値という）の 2 種類について計算を行い評価するのが一般的である.

　1 時間値の計算には，パスキル・ギフォード線図の拡散係数が 3 分間値であることから，以下の式を用いて 1 時間値に補正する.

$$\sigma_y = \sigma_{yp}\left(\frac{t}{t_p}\right)^r$$

ここで，$t$：評価時間（60 分），$t_p$：パスキル・ギフォード線図の評価時間（3

分),$\sigma_y$:評価時間 $t$ に対する水平方向拡散幅(m),$\sigma_{yp}$:パスキル・ギフォード近似関数から求めた水平方向拡散幅(m),$r$:べき指数(1/5～1/2)である.

年平均値は1年間の気象データを風向,風速,大気安定度階級(パスキル)別に分け,それぞれの分類ごとに上述のプルーム式,パフ式を用いて拡散計算を行い,各分類の1時間平均値を次式に示す重合計算を行うことにより求められる.

$$\overline{C} = \sum_i \sum_j \sum_k C_1(D_i, U_j, S_k) \cdot f_1(D_i, U_j, S_k) + \sum_k C_2(S_k) \cdot f_2(S_k)$$

ここで,$C_1(D_i, U_j, S_k)$:風向($D_i$),風速($U_j$),安定度($S_k$)のときの1時間平均濃度(有風時),$f_1(D_i, U_j, S_k)$:風向($D_i$),風速($U_j$),安定度($S_k$)の出現頻度(平均期間を全時間数で割って正規化),$C_2(S_k)$:安定度($S_k$)のときの1時間平均濃度(無風時),$f_2(S_k)$:安定度($S_k$)(無風時)の出現頻度(平均期間を全時間数で割って正規化)である.

年平均値を計算するためには,図8.3に示すような年間の風向風速や大気安定度などの出現分布が必要となる.評価を実施する場所に最も近い大気観測ステーションで採取された統計データを用いることになるが,その際過去の10年間の統計データと比較して,使用しようとしているデータが異常年に当たらないか統計的に検定を行ってから使用すること.

環境影響評価のための大気拡散計算には,経済産業省が提供している低煙源工場拡散モデル(METI-LIS)などを用いることもできる.また海外のソフトウェ

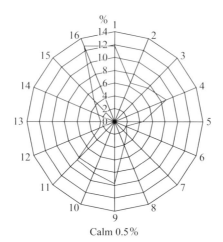

図8.3 年間の風向風速を示す風配図例

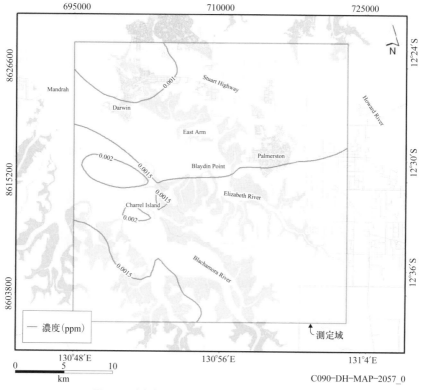

図 8.4　大気拡散シミュレーションアウトプット例

アでは AERMOD という同様のソフトウェアもある．図 8.4 にアウトプット例を示す．

## 8.3　環境への事故影響防止

漏洩事故発生時には，通常操業時とは比較にならないほど大きな環境への影響を及ぼすことが考えられる．例えば米国では，化学プラントにおけるプロセス事故による環境影響の対策は PSM の要求とは別に，環境保護庁（EPA）管轄の"40 CFR 68 Risk Management Programs for Chemical Accidental Release Prevention"で規定されている．主に環境事故リスクに応じた対策を事前に策定し十分な対策をもつことが求められている．化学プラントのプロセス危険性レベルに応

じてプログラム 1〜3 が適用される構成になっており，プログラム 3 が最も危険性レベルが高いものとされている．プログラム 3 では，最悪ケースの漏洩事故評価（worst-case release analysis）と現実的な漏洩事故評価（alternative release analysis）の 2 ケースを想定し，環境事故に対する緊急対応策を準備することが求められる．

　想定事故シナリオに応じた代表的な緊急時対応準備として以下が挙げられている．

- ERT（緊急対策チーム）
- 緊急対策室の設置
- 適切な道具の選定
- 緊急連絡体制

また，そもそもの漏洩事故防止の取組みとしては，PSM の採用が必要とされている．

　第 4 章 4.9 節で，英国の北海油田パイパーアルファ事故を経て 1992 年から法制化された法規制であるセーフティケースについて紹介した．これはプラントの操業者がプラントのライフサイクルを通しての安全性を"証拠"を用いて証明するものである．当初は安全上重要な要素（SCE）の重点管理を行う仕組みであったが，2015 年の改定で同様に環境上重要な要素（ECE：environmental critical elements）についても設備設計から操業管理というライフサイクルの中で重点的に管理する要求が追加となった．図 8.5 に SCE と ECE の考え方を図示したものを示す．

　この ECE を管理するために必要となるものとしては，プロセス安全の管理に必要なものに加えて以下が挙げられる．

- ENVID（environmental impact identification）
- 環境リスク管理台帳（environmental risk register）
- ECE 機能要求（ECE performance standard）

基本的には PSM と同じ枠組みであるが，環境事故リスクの抽出（ENVID），リスク管理台帳と，環境事故を防止・削減するために重要な設備のリスク削減のための機能要求を維持するための運転・保全重点管理に展開していくというものである．

　典型的な ECE と機能要求管理としては以下が挙げられることが多い．

- フレアからの排ガス排出量計設置要求および流量計精度要求

8.3 環境への事故影響防止　219

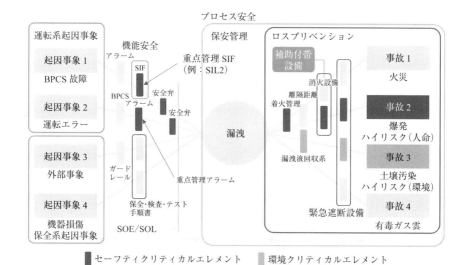

図 8.5　セーフティクリティカルエレメント（SCE）および環境クリティカルエレメント（ECE）の抽出コンセプト

- 周辺大気基準への適合要求
- 環境事故防止 ECE（PSM の要求管理としてカバーされることが多い）
- 環境事故防止 SIF の SIL 確保のための定期テスト要求

リスクベースアプローチによるプロセス安全マネジメントシステムでの ALARP 証明と同様に，環境側面においても BAT（best available technique）と呼ばれる概念が存在する．これは環境影響リスクを削減するための方策として，その時点での業界にある適用可能な技術をすべて抽出し最も妥当な技術を選定していることを証明するという枠組みである．図 8.6 に BAT 評価の例を示すが，抽出された可能性のある手法を評価項目を決め項目ごとの重要さに応じて重みづけを設定したうえで，点数システムで総合得点を評価するという仕組みである．主に以下のような項目について評価される．

- 最も効果的なオプション
- 信頼性のある技術か（イノベーティブな技術も含む）
- 経済的に実装可能か
- 運転性も加味

220    8　環境と社会への影響

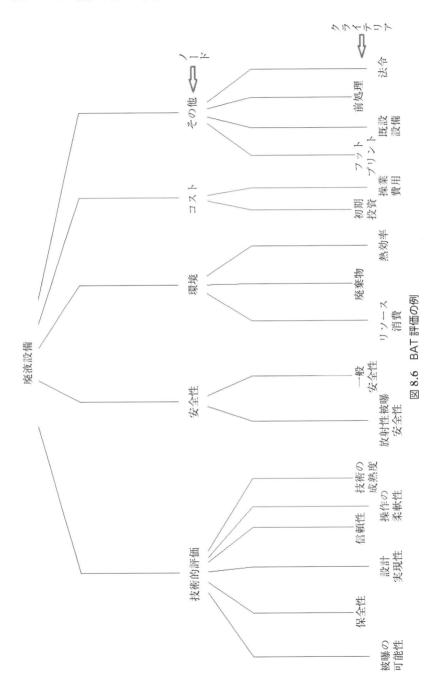

図 8.6　BAT 評価の例

## 8.4 社会への影響

化学プラントが地域に与える影響は環境だけでなく，社会生活に対しても影響を及ぼすことになる．化学プラントの操業活動には関連する人々・組織がさまざま存在する．これをステークホルダーと呼ぶ．ステークホルダーには以下のようなタイプが存在する．

- タイプ1
  - ➤ 内部：従業員
  - ➤ 外部：株主，投資家，金融機関，労働組合，顧客，取引先，供給業者，地域社会，地球環境
- タイプ2
  - ➤ 正式契約：株主，投資家，従業員，労働組合
  - ➤ 間接的契約関係：顧客，取引先，供給業者
  - ➤ 暗黙の合意関係（特殊な出来事や事件・事故がなければ企業との関係性について関知しない）：地域社会，地球環境

こうしたステークホルダーには，化学プラントの操業によりよい影響を受けるものもいれば，望ましくない影響を受けるものも出てくることとなる．そこで社会影響を最小限にするためには，よい影響を最大限にするとともに，悪い影響を最小限にするように働きかけることである．このような活動をステークホルダーマネジメントと呼ぶ．

表8.2にステークホルダー分析の例を示す．ステークホルダーごとに化学プラ

表8.2 ステークホルダー分析例

| ステークホルダー | ステークホルダーの興味の対象 | ステークホルダーに与える影響 | よい影響を増やす，または負の影響を削減するためのストラトジー |
|---|---|---|---|
| すべてのステークホルダーを抽出 | ステークホルダーの興味分野の明確化 | よい影響も負の影響もある | コミュニケーション方法<br>リスクのトレードオフ<br>リスク管理<br>など |

ント操業との関連でどこに興味があるのか，影響の内容，および影響をステークホルダーが代わりに望むものとトレードオフしていくためのストラトジーを立案し実行に移していくという継続的活動が重要となる．

ステークホルダーマネジメントの原則的事項を以下に挙げる．

- 関心認知とモニタリングの原則：すべてのステークホルダーの関心認知と動向モニタリング
- リスニングとコミュニケーションの原則：オープンかつ積極的対話
- 適切行動の原則：ステークホルダーの関心ごと，制度・法律への俊敏な対応
- 適切な配分と負担の原則：ステークホルダー間の依存関係を認識し，正当な利益・リスクの分配を心がける．
- 協同の原則：他の組織体と協同し，企業行動がもたらすリスクやハザードを最小限にとどめ，不可避のものについては適切に保障する．
- リスク回避の原則：基本的人権の侵害や明らかに受容できないリスクの発生を回避する．
- 潜在的葛藤認識の原則：マネジメントは"従業員"と"マネジメント"の潜在的な葛藤を有しているため，オープンコミュニケーション，サードパーティーレビューなどを通して律すること．

## 8.5 持続的発展への貢献

化学プラントにおける安全性の担保や環境影響の最小化の努力は，化学プラントを操業する企業にとって社会でよき隣人として活動を継続していくために必須である．とくに労働安全，プロセス安全，および環境（HSE：health, safety and environment）を十分考慮した開発や操業は非常に重要である．

世界銀行のグループ会社である国際金融公社（IFC）が示している"持続的発展フレームワーク"［IFC, 2012］は八つの重点エリアから構成されており，化学プラントの建設から操業にかけて重点的に考慮していくことが重要である．

- 環境・社会的影響の評価・マネジメント
- 労働環境の保持
- 資源の有効活用と汚染防止
- コミュニティの安全・衛生・セキュリティ
- 土地取得と強制移住

8.5 持続的発展への貢献 **223**

- 生態系・多様性保護と自然資源マネジメント
- 少数派・先住民への配慮
- 文化遺産

またより大きな観点で人間社会全体が持続していくために持続可能な開発目標（SDGs）が設けられている．現在掲げられている 17 目標を以下に列記する．

- 目標 1（貧困）あらゆる場所のあらゆる形態の貧困を終わらせる．
- 目標 2（飢餓）飢餓を終わらせ，食糧安全保障および栄養改善を実現し，持続可能な農業を促進する．
- 目標 3（保健）あらゆる年齢のすべての人々の健康的な生活を確保し，福祉を促進する．
- 目標 4（教育）すべての人々への包括的かつ公平な質の高い教育を提供し，生涯学習の機会を促進する．
- 目標 5（ジェンダー）ジェンダー平等を達成し，すべての女性および女子のエンパワーメントを行う．
- 目標 6（水・衛生）すべての人々の水と衛生の利用可能性と持続可能な管理を確保する．
- 目標 7（エネルギー）すべての人々の，安価かつ信頼できる持続可能な現代的エネルギーへのアクセスを確保する．
- 目標 8（経済成長と雇用）包括的かつ持続可能な経済成長，およびすべての人々の完全かつ生産的な雇用とディーセント・ワーク（適切な雇用）を促進する．
- 目標 9（インフラ，産業化，イノベーション）レジリエントなインフラ構築，包括的かつ持続可能な産業化の促進，およびイノベーションの拡大を図る．
- 目標 10（不平等）各国内および各国間の不平等を是正する．
- 目標 11（持続可能な都市）包括的で安全かつレジリエントで持続可能な都市および人間居住を実現する．
- 目標 12（持続可能な生産と消費）持続可能な生産消費形態を確保する．
- 目標 13（気候変動）気候変動およびその影響を軽減するための緊急対策を講じる．
- 目標 14（海洋資源）持続可能な開発のために海洋資源を保全し，持続的に利用する．

- 目標15（陸上資源）陸域生態系の保護・回復・持続可能な利用の促進，森林の持続可能な管理，砂漠化への対処，ならびに土地の劣化の阻止・防止および生物多様性の損失の阻止を促進する．
- 目標16（平和）持続可能な開発のための平和で包括的な社会の促進，すべての人々への司法へのアクセス提供，およびあらゆるレベルにおいて効果的で説明責任のある包括的な制度の構築を図る．
- 目標17（実施手段）持続可能な開発のための実施手段を強化し，グローバル・パートナーシップを活性化する．

この17目標は一見すると化学プラントで起こるようなプロセス漏洩事故に関しては直接的には触れられていない．しかしながら，せっかく操業目的としてSDGsに合わせた持続可能な製品を生産したとしても，一度大きなプロセス事故が発生すれば社会や環境に大きなネガティブな影響を及ぼすこととなる．そのため，操業側のポジティブな貢献を増やすとともに，リスクベースプロセス安全マネジメントシステムによるプロセス事故削減というネガティブ側リスクを最小限にする努力を継続的に続けることが，企業にとっての総合的な"持続可能な開発マネジメントシステム"となる（図8.7）．

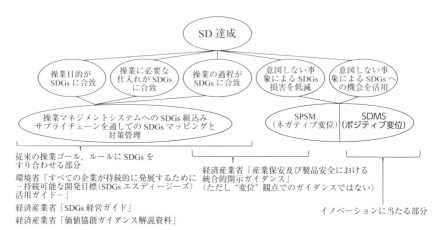

図8.7　持続的発展（SD）マネジメントシステムの必要要件

# 引 用 文 献

American Petroleum Institute（API）（2016）. API RP 754 Process Safety Performance Indicators for the Refining and Petrochemical Industries.

Bertsche, Bernd（2008）. Reliability in Automotive and Mechanical Engineering, Springer.

British Standards Institution（BSI）（2017）. BS 9999 Fire Safety in the Design, Management and Use of Buildings‑Code of Practice.

Center for Chemical Process Safety（CCPS）（1993）. Guidelines for Engineering Design for Process Safety, Wiley‑AIChE.

Center for Chemical Process Safety（CCPS）（2003）. Guidelines for Investigating Chemical Process Incidents, Wiley‑AIChE.

Center for Chemical Process Safety（CCPS）（2007）. Guidelines for Risk Based Process Safety, Wiley‑AIChE.

Center for Chemical Process Safety（CCPS）（2011）. Conduct of Operations and Operational Discipline, Wiley‑AIChE.

Chemical Industry Safety & Health Council of the Chemical Industries Association Limited （CISHEC）（1977）. A Guide to Hazard and Operability Studies.

DNV（2024）. SAFETI The right choice for safety professionals.
https://www.dnv.com/publications/safeti-69911

Department of Energy（DOE）（2009）. Human Performance Improvement Handbook Volume 1: Concept and Principles.

Energy Institute（2020）. Guidance on Human Factors Safety Critical Task Analysis.

Foundation for an Industrial Culture（FONCSI）（2011）. Human and Organizational Factors of Safety.

Health and Safety Executive（HSE）（2005）. RR367 A Review of Safety Culture and Safety Climate Literature for the Development of the Safety Culture Inspection Toolkit.

Health and Safety Executive（HSE）（2007）. Managing Competence for Safety-related Systems.

Health and Safety Executive（HSE）（2011）. Leadership and Worker Involvement Toolkit. Health and Safety Policy: An Example, UK.

Health and Safety Executive（HSE）（2024）. Performance Influencing Factors（PIFs）.
https://www.hse.gov.uk/humanfactors/assets/docs/pifs.pdf

IChemE Safety Centre（ISC）（2014）. Process Safety and the ISC.
https://www.icheme.org/media/1584/final-common-language-revised-6-6-14.pdf

Instrumentation, System, and Automation Society（ISA）（2002）, ISA‑TR84.00.02 Part 2, Safety Instrumented Functions（SIF）‑Safety Integrity Level（SIL）Evaluation Techniques Part 2: Determining the SIL of a SIF via Simplified Equations.

International Atomic Energy Agency（IAEA）（1998）. Safety Report Series No. 11 Developing Safety Culture in Nuclear Activities.

International Electrotechnical Commission (IEC) (2000). IEC 61508 Functional Safety of Electrical/Electric/Programmable Electronic Safety-Related Systems – Part 6: Guidelines on the Application of IEC 61508-2 and IEC 61508-3.

International Electrotechnical Commission (IEC) (2002). IEC 62278 Railway Application – Specification and Demonstration or Reliability, Availability, Maintenability and Safety (RAMS).

International Electrotechnical Commssion (IEC) (2007). IEC 62425 Railway Applications – Communication, Signalling and Processing Systems – Safety Related Electronic Systems for Signalling.

International Electrotechnical Commission (IEC) (2010). IEC 61508 Functional Safety of Electrical/Electronic/Programmable Electronic Safety-Related Systems – Part 1: General Requirements.

International Electrotechnical Commission (IEC) (2015a). IEC 62061 Safety of Machinery – Functional Safety of Safety-Related Electrical, Electronic and Programmable Electronic Control Systems.

International Electrotechnical Commission (IEC) (2015b). IEC 62279 Railway Applications – Communication, Signalling and Processing Systems – Software for Railway Control and Protection Systems.

International Electrotechnical Commission (IEC) (2017a). IEC 61508 Functional Safety of Electrical/Electronic/Programmable Electronic Safety-Related Systems – Part 6: Guidelines on the Application of IEC 61508-2 and IEC 61508-3.

International Electrotechnical Commission (IEC) (2017b). IEC 61511 Functional Safety – Safety Instrumented Systems for the Process Industry Sector – Part 1: Framework, Definitions, System, Hardware and Application Programming Requirements.

International Electrotechnical Commission (IEC) (2017c). IEC 61511 Functional Safety – Safety Instrumented Systems for the Process Industry Sector Part 3: Guidance for the Determination of the Required Safety Integrity Levels.

International Finance Corporation (IFC) (2012). Performance Standards on Environmental and Social Sustainability.

Internationl Nuclear Safety Advisory Group (INSAG) (1999). INSAG-13 Management of Operational Safety in Nuclear Power Plants.

International Nuclear Safety Advisory Group (INSAG) (2002). INSAG-15 Key Practical Issues in Strengthening Safety Culture.

International Organization for Standardization (ISO) (2015). ISO/TS 16901 Guidance on Performing Risk Assessment in the Design of Onshore LNG Installations Including the Ship/Shore Interface.

International Organization for Standardization (ISO) (2016). ISO 17776 Petroleum and Natural Gas Industries — Offshore Production Installations — Major Accident Hazard Management during the Design of New Installations.

International Organization for Standardization (ISO) (2018). OSO 45001 Occupational Health and Safety Management Systems — Requirements with Gudance for Use.

Kletz, Travor and Amyotte, Paul (2010). Process Plants – A Handbook for Inherently Safer Design, CRC Press.

Mather, Angus (1995). Offshore Engineering: An Introduction, Witherby Publishers.

Occupational Health and Safety Assessment (OHSAS) Project Group (2007). Occupational Health and Safety Management Systems — Requirements.

Occupational Safety and Health Administration (OSHA) (1992). 29 CFR 1910.119.
https://www.ecfr.gov/current/title-29/subtitle-B/chapter-XVII/part-1910/subpart-H/section-1910.119

Project Management Institute (PMI) (2008). A Guide to the Project Management Body of Knowledge.

Reason, James (1997). Managing the Risks of Organizational Accidents, Routledge.

Tanabe, Masayuki and Miyake, Atsumi (2011). Risk Reduction Concept to Provide Design Criteria for Emergency Systems for Onshore LNG Plants. *J. Loss Prev. Process Ind.*, **24**, 383–390.

TNO (2005a). Guidelines for Quantitative Risk Assessment, "Purple Book".

TNO (2005b). Methods for Determining and Processing Probabilities, "Red Book".

TNO (2005c). Methods for the Calculation of Physical Effects – Due to Releases of Hazardsous Materials (Liquids and Gases)–, "Yellow Book".

UK HSE (2015). The Construction (Design and Management) Regulations 2015.
https://www.legislation.gov.uk/uksi/2015/51/contents/made/data.pdf

UK Offshore Operators Association (UKOOA) (1999). Industry Guidelines on a Framework for Risk Related Decision Support.

US Chemical Safety and Hazard Investigation Board (2007). Investigation Report Refinery Explosion and Fire.

Woodside Energy Ltd. (2019). Appendix F North West Shelf Project Extension Greenhouse Gas Benchmarking Report.
https://www.epa.wa.gov.au/sites/default/files/PER_documentation2/NWS%20Project%20Extension%20-%20Appendix%20F%20-%20Greenhouse%20Gas%20Benchmarking%20Report.pdf

Ye, Fan and Cleland, George (2012). Weapons Operating Centre Approved Code of Practice for Electronic Safety Case, Adelard.


化学工学協会 編 (1979a). 化学プラントの安全対策技術 2 化学プラントの安全設計, 丸善.

化学工学協会 編 (1979b). 化学プラントの安全対策技術 3 保安・保全の管理技術, 丸善.

高圧ガス保安協会 (2016). リスクアセスメント・ガイドライン Ver. 1.

公害研究対策センター (2000). 窒素酸化物総量規制マニュアル 新版, Plus 81.

ストラトジック PSM 研究会 (2022). 自律型高度保安導入ガイドライン.
https://www.anshin.ynu.ac.jp/pdf/SPSM01guide.pdf

# 付録 1：エンジニアリングスケジュール例（CAE 分解によるプラント安全証明体系）

| トップレベル<br>クレーム（主張） | | アーギュメント<br>（論拠） | | サブクレーム | | | | |
|---|---|---|---|---|---|---|---|---|
| | | | | Level-2 | | Level-3 | | |
| 1 | 機器・設備（その機能を含む）はその使用環境において安全である | 1 | 安全要求は適切に定義されている | 1.1 | 安全管理要求が定義されている | 1.1.1 | 安全管理に関する要求事項が明確になっている | |
| | | | | | | 1.1.2 | 安全管理の体制（マネジメントシステム）が確立されている | |
| | | | | 1.2 | 規定された安全要求事項は法規・基準類のレビューを通して抽出されている | | | |
| | | | | 1.3 | 安全クライテリアは定義されている | | | |
| | | | | 1.4 | 法規等をまたぐ要求事項（もしあれば）は抽出されている | | | |
| | | 2 | 安全要求は適切に守られている（機器・設備は使用に際して安全） | 2.1 | 機器・設備のリスクは許容範囲であり ALARP である | 2.1.1 | 機器・設備の設計範囲は想定される自然災害等に対して十分に広範に対応しており，ロバストな設計指針に基づいている | |
| | | | | | | 2.1.2 | 機器・設備のリスクは許容範囲である | |

付録1：エンジニアリングスケジュール例　229

| (根拠) | | | | エビデンス/証拠（例） |
|---|---|---|---|---|
| | Level-4 | | Level-5 | |
| | | | | 安全管理要求 |
| | | | | 安全管理規定 |
| | | | | 適用法規・基準類リスト |
| | | | | 法規・基準類の適用性確認結果 |
| | | | | 無視できるレベルおよび許容できるリスクレベルの閾値の定義 |
| | | | | ALARP リスククライテリア（経済合理性の評価） |
| | | | | |
| 2.1.1.1 | 機器・設備の設計範囲は想定される自然災害等に対して十分に広範に対応している | 2.1.1.1.1 | 想定される自然災害への機器・設備設計基準は明確である | 設備設計基準（BOD） |
| | | 2.1.1.1.2 | 基準以上の自然災害の際には安全に操業停止できる | 設備設計基準（BOD） |
| | | 2.1.1.1.3 | 設備事故災害発生時にも設備の安全停止に必要な機器・設備は機能を維持できる | 設備設計基準（BOD） |
| 2.1.1.2 | 機器・設備の設計はロバストな設計指針に基づいている | | | 設計指針図書 |
| 2.1.2.1 | 機器・設備のすべてのハザード抽出およびリスクアセスメントが行われている | | | ハイレベルのハザード抽出とアセスメント（HAZID） |
| | | | | システムレベルのハザード抽出とリスクアセスメント（HAZOP） |
| | | | | LOPA |
| | | | | 非定常 HAZOP |
| | | | | ALARP ログ |
| | | | | ハザード管理台帳 |

（つづく）

付録1：エンジニアリングスケジュール例（つづき）

| トップレベル<br>クレーム（主張） | | アーギュメント<br>（論拠） | | サブクレーム | | | |
|---|---|---|---|---|---|---|---|
| | | | | Level-2 | | Level-3 | |
| 1 | 機器・設備（その機能を含む）はその使用環境において安全である（つづき） | 2 | 安全要求は適切に守られている（機器・設備は使用に際して安全）（つづき） | 2.1 | 機器・設備のリスクは許容範囲でありALARPである（つづき） | 2.1.3 | 機器・設備のリスクはエンジニアリングにより合理的・現実的なレベルまで削減されている |
| | | | | | | 2.1.4 | すべての合理的・現実的なレベルの運転・保全管理対策が抽出され，実施されている |
| | | | | 2.2 | その他の安全要求事項（リスク以外）も満たしている | 2.2.1 | 適切な法規・基準を遵守している |
| | | | | | | 2.2.2 | 安全管理要求を満たしている |
| | | | | | | 2.2.3 | 想定されるサイバーセキュリティに対応するための要求事項が明示され，設備がその要求を満たしている |
| | | 3 | 機器・設備は操業期間中に渡って安全性を保っている | 3.1 | 機器・設備はプラントライフサイクルを通じて安全である | 3.1.1 | 安全な操業の実行が徹底されている |

付録 1：エンジニアリングスケジュール例 **231**

| (根拠) | | | | エビデンス/証拠（例） |
|---|---|---|---|---|
| | Level-4 | | Level-5 | |
| 2.1.3.1 | すべての合理的・現実的なエンジニアリングによる対策が抽出され，採用されている | 2.1.2.1.1 | すべての合理的・現実的なエンジニアリングによる対策が抽出されている | システムレベルのハザード抽出とリスクアセスメント（HAZOP） |
| | | | | LOPA |
| | | | | 非定常 HAZOP |
| | | | | ハザード管理台帳 |
| | | | | 安全要求事項 |
| | | 2.1.2.1.2 | すべての合理的・現実的なエンジニアリングによる対策が採用されている | ハザード管理台帳 |
| | | | | 安全要求事項 |
| | | | | V&V 関連記録 |
| 2.1.3.2 | 機器・設備設計は適切なグッドプラクティスに従っている | 2.1.2.2.1 | 機器・設備設計のための適切なグッドプラクティスを抽出している | 適合性確認マトリックス |
| | | 2.1.2.2.2 | 機器・設備設計は適切なグッドプラクティスに従っている | 安全管理プランおよび安全管理マネジメントシステム |
| | | | | 運転・保全関連安全指針，トレーニング，図書 |
| | | | | 適合性確認マトリックス |
| | | | | 安全管理プランおよび安全管理マネジメントシステム |
| | | | | 安全管理プランおよび安全管理マネジメントシステム |
| 3.1.1.1 | 安全な操業の実行に必要な要素を網羅している | | | 操業安全管理規定 |
| 3.1.1.2 | リスクベースによる安全管理が行われている | 3.1.1.2.1 | リスクベースプロセス安全管理システムによる運用管理が行われている | リスク管理ツール |
| | | 3.1.1.2.2 | リスク情報が誰でも使いやすい状況で共有されている | リスク管理ツール |

（つづく）

232 付録1：エンジニアリングスケジュール例

付録1：エンジニアリングスケジュール例（つづき）

| トップレベル<br>クレーム（主張） | | アーギュメント<br>（論拠） | | サブクレーム | | | | |
|---|---|---|---|---|---|---|---|---|
| | | | | Level-2 | | Level-3 | | |
| 1 | 機器・設備（その機能を含む）はその使用環境において安全である（つづき） | 3 | 機器・設備は操業期間中に渡って安全性を保っている（つづき） | 3.1 | 機器・設備はプラントライフサイクルを通じて安全である（つづき） | 3.1.1 | 安全な操業の実行が徹底されている（つづき） | |
| | | | | | | 3.1.2 | 運転中の安全状態は適切に監視され，管理されている | |
| | | | | | | 3.1.3 | 機器・設備は変更や保全管理のもとでも安全に保たれている | |
| | | | | 3.2 | 機器・設備の廃棄措置は安全に実施できる | | | |

付録1：エンジニアリングスケジュール例　　　*233*

| (根拠) | | | エビデンス/証拠（例） |
|---|---|---|---|
| | Level-4 | Level-5 | |
| 3.1.1.3 | 安全運転に必要な情報がそろっている（安全運転範囲が明示されている） | | 運転手順書 |
| 3.1.1.4 | 運転開始前の安全確認が徹底されている | | PSSR 手順書 |
| 3.1.1.5 | 作業許可申請の評価がリスクベースで実施されている | | 作業許可申請手順書 |
| 3.1.1.6 | 機器・設備の健全性が保たれている | | 設備保全要領書 |
| | | | 設備保全計画 |
| 3.1.1.7 | 作業を実行する協力会社の管理がなされている | | 協力会社管理規程 |
| 3.1.1.8 | 緊急時の対応手順が整備され適切な訓練がなされている | | 緊急時対応マニュアル |
| 3.1.2.1 | 定期的な（リスクアセスメント等での）仮定条件と必要条件の確認が実施されている | | リスクアセスメント規程 |
| 3.1.2.2 | 実際の安全管理状況が定期的にレビューされている | | リスクアセスメント規程 |
| 3.1.2.3 | 事故調査報告書が作成され，評価されている | | 事故調査実施要領 |
| 3.1.2.4 | スマート技術が活用されている | | |
| 3.1.3.1 | 計画外の変更管理は安全の確認に基づいて行われている | | 変更管理手順書 |
| 3.1.3.2 | 計画的な改修に関する変更管理は安全の確認に基づいて行われている | | 変更管理手順書 |
| 3.1.3.3 | 作業を実行する協力会社の管理がなされている | | 協力会社管理規程 |
| | | | 設備廃棄計画 |

## 付録 2：略語・用語集

**BPCS（basic process control system）**
プロセス設備の制御システムのこと（DCS を指す）.

**EERA（escape, evacuation and rescue analysis）**
事故が生じた際，事故にさらされる危険なエリアから，事前に決められている緊急避難場所まで無事に避難できるかを評価する手法.

**EIA（environmental impact assessment）**
プラント設備や開発による大気汚染・水質汚染・騒音・振動などの周辺地域・生態系への影響の評価.

**ESSA（emergency system survivability analysis）**
SCE を構成するサブシステムに分解したうえで，それらが重大事故に対して機能性を維持し，システムとして生き残れるかを判定する手法.

**ETA（event tree analysis）**
起因事象が発生したところからイベントが進行していく過程において安全装置が成功する確率を分岐確率として設定することで，イベントの発生確率を算出する手法.

**FMEA（failure mode and effect analysis）**
プロセス系危険やシステム設計での故障シナリオ抽出に用いられる手法. 機器・コンポーネントごとの故障モードを抽出しそのときの影響を評価する.

**FTA（fault tree analysis）**
システムの信頼性評価手法. トップ事象からトップ事象を生じさせる原因となる基本事象まで分解し，基本事象の発生確率からトップ事象の発生確率を算出する手法.

**HAZAN（hazard analysis）/consequence analysis**
事故影響度評価. ガス拡散，火災，爆発などの影響範囲を評価する手法

**HAZID（hazard identification）**
ガイドワードによる危険シナリオ抽出手法. ガイドワードは，火災・爆発，自然災害など大まかな災害区分からなる. PFD・敷地配置図をベースとしたワークショップスタイルで実施される.

付録 2：略語・用語集　　　*235*

**HAZOP（hazard and operability）**

ガイドワードによる危険シナリオ抽出手法．ガイドワードは，プロセスコントロール差異をとらえるためのプロセスパラメータとそのずれから構成される．P & ID をベースとしたワークショップスタイルで実施される．

**HIRA（hazard identification and risk assessment）**

PSM のエレメントの一つ．危険源特定とリスクアセスメントにより安全管理に展開するエレメントのこと．

**JHA（job hazard analysis）**

作業手順上のハザードを評価すること．

**LOPA（layers of protection analysis）**

HAZOP などで抽出された危険シナリオに対する防護層を抽出し，それぞれのリスク削減効果を評価するとともにその残存リスクが許容リスクに到達したかを評価する手法．

**MOPO（manual of permitted operation）**

運転中の設備区画と隣接する区画が定期修繕で停止し工事作業をしているときなど，隣接区画で状態が異なるときに，例えば火気使用工事作業など禁止されるべき同時作業を定めるマニュアル．

**PSM（process safety management）**

プロセス安全を担保するための業務管理（マネジメント）のこと．

**PSSR（pre-startup safety review）**

プラントのスタートアップ前に安全運転に必要な要件が満たされているかレビュー・監査すること．

**QRA（quantitative risk analysis）**

事象の発生頻度と影響度双方を評価することで，プラントがもつ危険性をリスクマップを用いて評価する手法．

**RAM（reliability, availability, maintainability）**

プラントの稼働率を，信頼性（reliability）関数と保守性（maintainability）関数から確率計算式により算出する手法．

**RBI（risk based inspection）**

リスクを尺度に検査の方法や頻度を決める手法のこと．

**RBM（risk based maintenance）**

リスクを尺度にメンテナンスの優先度を決める手法のこと.

**RBPS（risk based process safety）**

PSM をリスクを尺度に行うこと.

**RCM（reliability centered maintenance）**

信頼性評価に基づきメンテナンスの優先度を決める手法のこと.

**SCE（safety critical element）**

設計要素のうち，安全を保証するうえで重要なシステムを SCE と呼ぶ. 例えばフレアシステムや緊急遮断・脱圧システム，防消火設備などがそれにあたる. それ以外にも漏洩が生じると影響度が非常に大きくなると考えらえる機器（BLEVE を引き起こす可能性のあるものなど）も SCE として取り扱うこともある.

**SIF（safety instrumented function）**

安全計装システムを構成する遮断システムのうちの一つの遮断ループのこと.

**SIL（safety integrity level）**

HAZOP などで抽出された危険シナリオが顕在化した際のリスクを許容レベルまで削減するための安全計装系信頼性レベルを，SIL と呼ばれる安全性（信頼性）クラスに分類して評価する手法.

**SIS（safety instrumented system）**

安全計装システムのこと. BPCS とは完全に独立な設備を構成する.

**SOE（safe operating envelope）もしくは SOL（safe operating limits）**

プロセス設備の運転範囲でそれ以上にプロセス運転のずれが大きくなると事故になる安全運転域/安全運転限界のこと.

**What-if Analysis**

プロセス系危険シナリオ抽出手法. ガイドワードは用いず，What-if... で始まる質問によりプロセスのずれやエラーシナリオを抽出する手法. P & ID をベースとしたワークショップスタイルで実施する.

# 索　引

## 数字・アルファベット

6 ピラー　*104, 126*

β ファクター　*35, 49*

ALARP　*9*
ALARP 会議　*171*
ALARP 管理台帳　*69*
ALARP コンセプト　*9*
ALARP 証明　*63, 66*
ALARP 判定スキーム　*172*
ALARP リスク　*10*
ALARP 領域　*66*
ALARP ログ　*69*

Baker-Strehlow モデル　*41*
BAT　*219*
best available technique　*219*
BLEVE　*56*
BOD　*173*
BP ディープウォーターホライゾン爆発・
　オイル流出事故　*2*
BP テキサスシティ製油所爆発事故　*2,*
　*179*

CAE 分解　*131*
CAE 法　*130, 138*
CCF　*49*
CDM　*211*

ECE　*12, 218*
ECE 機能要求　*218*
EERA　*54*
ENVID　*218*
equipment under control　*20*

ESSA　*52*
EUC　*20*

FERA　*52*
FLRA　*54*
FMEA　*98*
FMECA　*99*
FSA　*124*
FTA　*46*

GSN 法　*130*

HAZID　*27, 84*
　労働安全——　*93*
　工事・労働災害——　*94*
HAZOP　*29*
　——ノード　*31*
　手順——　*73*
　バッチプロセス——　*33*
health, safety and environment　*91, 222*
HF　*70*
HIRA　*25*
HOF　*187, 190*
HSE　*40, 222*
HSE マネジメントシステム　*91*
HTA　*71*

ICAF　*69, 70*

justification　*173*

key performance indicator　*176*
KPI　*176*

LOPA　*35*

MooN　*36*

MOPO　*168*
multi-energy モデル　*41*

NATECH　*175*

P & ID　*31*
PDCA サイクル　*146*
PIF　*73*
PSM　*2, 108*

QRA　*50*

RAGAGEP　*68*
RBD　*48*
RBPS　*2, 109*

SCE　*12, 62*
SCT　*71, 158*
SIL　*33*
SIL クラス　*34*
SIL 検証　*50*
SPSM コンセプト　*133*
SRK モデル　*193*
SRS　*62, 124*

TNT 等量法　*41*

WBS　*162*

## あ 行

アクティブフェイラー　*191*
アセスメント
　火災リスク――　*89*
　機能安全――　*124*
　コンピテンシー――　*206*
　フォーマルセーフティ――　*63*
アベイラビリティ　*101*
アラーム　*19*
アラームマネジメント　*63*
安心・安全　*3*

安全運転　*103*
安全運転域　*156, 177*
安全側故障　*36*
安全計装システム　*19*
安全上重要な操作項目　*71, 158*
安全性の保証　*130*
安全設計　*16*
安全な作業の実行　*115*
安全文化　*185, 187*
安全文化改善　*188*
安全文化醸成ステージ　*188*
安全分野　*81*
安全弁　*19*
安全マネジメント　*103*
安全マネジメントシステム　*103, 107*
安全要求仕様書　*62, 124*
安全要求の定義　*138*

意思決定　*168*
　――項目ログシート　*171*
　――難易度レベル　*172*
　――フロー　*171*
異常年　*216*
一般火災安全　*89*
一般産業　*81*
一般産業安全　*82*
インターロック　*83, 86*

運転安全　*138*
運転管理　*105*
運転準備　*118*
運転手順　*114*

エスカレーション現象　*170*
エラー　*70*
エンジニアリングスケジュール　*139*

オプショニアリング　*173*

## か　行

階層タスク解析　*71*
学習する組織　*194*
火　災
　ガス雲――　*40*
　ジェット――　*40, 41*
　フラッシュ――　*40*
　プール――　*40, 41*
火災爆発リスク評価　*52*
火災輻射熱による圧力容器の構造影響解析
　*54*
火災リスクアセスメント　*89*
ガス・火災検知システム　*23*
ガス雲火災　*40*
ガス拡散　*40*
稼働率　*62, 101*
可燃性　*1*
環境影響評価　*209, 210*
環境影響評価範囲　*210*
環境クリティカルエレメント　*12*
環境上重要な要素　*218*
環境リスク管理台帳　*218*
監　査　*122*
管理台帳
　環境リスク――　*218*
　機能要求――　*61, 160, 162*
　ハザード――　*58, 61, 160, 162*

起因事象　*11*
機械安全　*84*
機械機能安全　*86*
起動試験　*165*
機能安全　*14*
機能安全アセスメント　*124*
機能試験頻度　*35*
機能性　*62*
機能要求　*160, 165*
機能要求管理　*12*
機能要求管理台帳　*61, 160, 162*

規範の遵守　*110*
ギャップ分析　*138*
業界固有の安全分野　*81*
業界のグッドプラクティス　*68*
共通故障事象　*48*
協力会社　*92*
協力会社の管理　*117*
緊急時対応設備　*23*
緊急時の管理　*120*
緊急遮断設備　*23*
緊急設備脆弱性評価　*52*
緊急対策室　*218*
緊急対策チーム　*218*
緊急脱圧設備　*23*
緊急連絡体制　*218*

グッドプラクティスとの比較　*171*
クリーン開発メカニズム　*211*
訓練と能力保証　*115*

契約形態　*92*

工事・労働災害 HAZID ガイドワード
　*94*
故障頻度　*35*
故障モード　*48*
故障率　*50*
個人の態度　*106*
コストベネフィット分析　*69*
コミットメント　*190*
ゴール-ストラトジー-プロセスモデル
　*135, 188*
コンカウエ式　*214*
コンピテンシーアセスメント　*206*
コンピテンシーマネジメント　*142, 205*

## さ　行

作業許可申請　*168*
作業許可マニュアル　*168*
残存リスクコミュニケーション　*93*

## 索引

ジェット火災　40, 41
敷地配置計画　15, 21
事故影響評価　39
事故影響評価手順　43
事故調査　121, 177
システム安全　101
自然災害　22
自然災害起因の事故　175
持続的発展　222
持続的発展フレームワーク　222
失敗確率　36
社会影響　209
遮断区画　51
従業員の参画　112
重大事故　61
重大リスク　171
重要度　54
冗長系　48
冗長性　35, 48, 54
信頼性　62
信頼性工学　44
信頼性評価　44

スイスチーズモデル　190
スキルベースの行動　193
スコーピング　210
ステークホルダー　221
ステークホルダーマネジメント　222
ストラトジー　140
ストラトジック PSM　4
ストーリーの共有　140
スリップ　70

脆弱性　54
生存性　52, 62
設計安全　138
設備安全設計　13
設備資産の健全性と信頼性　116
設備信頼性　98
設備設計基準　173

セーフティクリティカルエレメント
　12, 62
セーフティケース　4, 127
セベソ事故　1
先行指標　181
潜在的危険性　1
全体敷地計画　84
戦　略　140

操業安全管理　13
操業の遂行　119
相互作用　62
想定事故荷重　22
測定とメトリクス　121
組　織　142
組織形態　142
組織事故　190
組織文化　185

## た　行

大気安定度　216
大気拡散評価　213
ダウンウォッシュ　214
多重防護コンセプト　8
タスクアナリシス　156
建屋内レイアウト　84
妥当性の証明　172, 173
短期プラン　155
担当業務　206

遅行指標　181
知識ベースの行動　193
知的好奇心　203
長期プラン　154

定量的リスク評価　50
デジタルツール　133, 136
手順 HAZOP　73
手順書　149, 155

索 引　　**241**

同時作業の管理　*168*
毒　性　*1*
図書型マネジメントシステム　*135*
トップダウン型安全改善プロセス　*190*
トレードオフ　*222*

## な 行

能力要件　*205*

## は 行

バイアス　*170*
バイオレーション　*70*
配管計装図　*31*
パイパーアルファ事故　*2*
バウンダリー　*155*
爆　発　*40, 41*
爆発性　*1*
ハザード/リスク管理台帳　*57*
ハザード管理台帳　*58, 61, 160, 162*
ハザードスタディレベル　*25*
ハザードの同定とリスク解析　*113*
ハザードログ　*101*
パスキル・ギフォード線図　*215*
バスタブカーブ　*44*
パーツカウント　*51*
バッチプロセス HAZOP　*33*
パフォーマンスギャップ　*199*
パフ式　*213*
バンスフィールド爆発事故　*2*

ビジュアル化　*203*
非冗長系　*48*
避難・退避・レスキュー評価　*54*
ヒューマンエラー　*73, 195*
ヒューマンファクター　*70, 190*
ヒューマンファクターインテグレーション
　*70*
ヒューリスティックス　*170*
表形成タスクアナリシス　*71*

ファシリテーションスキル　*203*
ファンクショナル組織　*143*
フェールセーフ　*54*
フォーマルセーフティアセスメント
　*63*
フォルトスケジュール　*59, 139, 165*
複合技術　*7*
福島第一原子力発電所事故　*2*
フラッシュ火災　*40*
プラン　*149, 154*
プラントライフサイクル　*13*
ブリッグス式　*213*
フリックスボロ事故　*1*
プール火災　*40, 41*
プルーム式　*214*
フレアシステム　*19, 57*
フレアシステム容量超過解析　*56*
プログラム管理　*146*
プロジェクトマネジメント型の組織
　*143*
プロセス安全　*7, 104*
　──エンジニア　*3, 190*
　──技術　*5*
　──コンピテンシー　*205*
　──能力　*111*
　──文化　*110*
　──マネジメント　*2*
プロセス型マネジメントシステム　*134,*
　*135*
プロセス知識管理　*113*
プロセスリスク　*10*

ベースライン　*149*
変更管理　*117, 175*
変更管理項目　*171*
変動管理　*143, 180*

保安管理　*105*
防護ガード　*83*
防護層　*8*
防消火設備　*23*

ボウタイ図　*11, 163, 165*
保守管理　*103*
保守点検　*165*
保全管理　*105*
ボトムアップ型安全改善プロセス　*188*
ボパール事故　*2*
ポリシー　*149, 190*
ポリシー–プラン–手順書　*135*
ポリシーステートメント　*149, 190*
本質安全　*14, 83*

## ま 行

マネジメントシステム　*106, 180*
　——の型　*134*
　HSE——　*91*
　安全——　*103, 107*
　コンピテンシー——　*142*
　図書型——　*135*
　プロセス型——　*134, 135*
　リスクベース——　*133*
マネジメントレビューと継続的な改善
　*122*

ミステイク　*70*

メキシコシティ LPG 事故　*2*

## ら 行

ライフサイクルマネジメント　*124*
ラテントフェイラー　*191*
ラプス　*70*

利害関係者との良好な関係　*112*
離隔距離　*21*
リスクアロケーション　*20*
リスク管理　*84*

リスククライテリア　*181*
リスクグラフ　*34*
リスク削減コンセプト　*10*
リスク情報　*136*
リスクに基づくプロセス安全マネジメント
　*2*
リスクプロファイル　*25, 158, 171*
リスクベースアプローチ　*2, 3, 138*
リスクベースプロセス安全管理　*133*
リスクベースマネジメントシステム
　*133*
リスクマップ　*51*
リスクマトリックス　*18, 35*
リスクマネジメント　*134*
リスクマネジメントプロセス　*12, 133,*
　*158*
リーダーシップ　*136, 190, 201*
　カリスマ型——　*202*
　交換型——　*201*
　サーバント——　*203*
　変革型——　*202*

ルールベースの行動　*193*

漏洩量　*39*
労働安全　*91, 104*
労働安全，プロセス安全，および環境
　*222*
労働安全 HAZID　*93*
ロジカルネットワークスケジュール
　*163*
ロール　*206*

## わ 行

ワークブレークダウンストラクチャー
　*162*

著者紹介
**田邊雅幸**（たなべ・まさゆき）
横浜国立大学 総合学術高等研究院 客員教授，工学博士．合同
会社ストラトジック PSM 研究会 代表．英国化学工学会登録
プロフェッショナルプロセスセーフティエンジニア．
英国化学工学会 2019 年グローバルアワード・プロセスセーフ
ティ部門 ファイナリスト．

**三宅淳巳**（みやけ・あつみ）
横浜国立大学 総合学術高等研究院 上席特別教授，同学名誉教
授．工学博士．合同会社セイフティインテリジェンス 代表．
合同会社ストラトジック PSM 研究会 顧問．2016〜2020 年火
薬学会会長，2020〜2022 年安全工学会会長．

戦略的プロセス安全マネジメント論
リスクベースアプローチによる実装フレームワーク

令和 6 年 9 月 30 日　発　行

著作者　田　邊　雅　幸
　　　　三　宅　淳　巳

発行者　池　田　和　博

発行所　丸善出版株式会社
　　　　〒101-0051 東京都千代田区神田神保町二丁目17番
　　　　編 集：電話（03）3512-3263／FAX（03）3512-3272
　　　　営 業：電話（03）3512-3256／FAX（03）3512-3270
　　　　https://www.maruzen-publishing.co.jp

© Masayuki Tanabe, Atsumi Miyake, 2024

組版印刷・製本／三美印刷株式会社

ISBN 978-4-621-31018-2　C 3058　　　　Printed in Japan

**JCOPY**〈（一社）出版者著作権管理機構 委託出版物〉
本書の無断複写は著作権法上での例外を除き禁じられています．複写
される場合は，そのつど事前に，（一社）出版者著作権管理機構（電話
03-5244-5088, FAX 03-5244-5089, e-mail：info@jcopy.or.jp）の許諾
を得てください．